大学物理（上）

王越
刘宇星
主编

丁晓红
王代殊
江少林
刘凤艳
刘敏蔷
杨红卫
徐劳立
韩守振
副主编

清华大学出版社
北京

内 容 简 介

本书根据教育部颁布的“大学物理课程教学基本要求”，为配合研究型教学而编写。全书分上、下册，共20章，上册讲述质点力学、刚体力学、狭义相对论、振动和波、气体动理论、热力学基础，下册讲述静电场、静电场中的导体与电介质、稳恒电流的磁场、电磁感应、麦克斯韦方程组、波动光学和量子物理基础等方面的内容。

本书在编写过程中，力求概念简明清晰，讲述深入浅出，难度适中，可作为大专院校非物理类理工科学生学习大学物理课程的辅助教材，也可供大中专院校物理教师参考。

图书在版编目(CIP)数据

大学物理. 上/王越，刘宇星主编. —北京：清华大学出版社，2017(2024.12 重印)
ISBN 978-7-302-49041-8

Ⅰ. ①大… Ⅱ. ①王… ②刘… Ⅲ. ①物理学－高等学校－教材 Ⅳ. ①O4

中国版本图书馆 CIP 数据核字(2017)第 295515 号

责任编辑：朱红莲　刘远星
封面设计：傅瑞学
责任校对：赵丽敏
责任印制：曹婉颖

出版发行：清华大学出版社
　　网　　址：https://www.tup.com.cn，https://www.wqxuetang.com
　　地　　址：北京清华大学学研大厦A座　　**邮　　编**：100084
　　社 总 机：010-83470000　　**邮　　购**：010-62786544
　　投稿与读者服务：010-62776969，c-service@tup.tsinghua.edu.cn
　　质量反馈：010-62772015，zhiliang@tup.tsinghua.edu.cn
印 装 者：三河市龙大印装有限公司
经　　销：全国新华书店
开　　本：185mm×260mm　　**印　张**：9.75　　**字　　数**：233千字
版　　次：2017年12月第1版　　**印　　次**：2024年12月第8次印刷
定　　价：30.00元

产品编号：052418-03

大学物理是高等院校的一门重要的公共基础课，它不仅能对学生进行较全面的物理知识教育，而且能对学生进行较系统的科学方法教育和思维能力训练，使学生在知识、素质和能力各方面得到协调发展。

本教材分上、下两册，共有20章。编者的初衷是结合我校实际，兼顾一般院校工科大学本科生，提供一套简明清晰、难度适中、深入浅出、易教易学的大学物理教材。全书上册为力学、振动和波和热学，下册为静磁学、波动光学和量子物理基础。本教材另配有《大学物理练习与思考》提供各章习题及其提要。

本书在编写中力求体现教育部颁布的“大学物理课程教学基本要求”的精神。在编写过程中，江少林教授、陈信义教授给予了多次指导，并提供了大量宝贵意见。参加本书编写工作的教师，大学物理授课经验都在10年以上。江少林编写了第1章，刘凤艳编写了第2、3、4章，王越编写了第5、8章，刘敏蕾编写了第6、7章，刘宇星编写了第9、10章，徐劳立编写了第11、12章，韩守振编写了第13章，王代殊编写了第14章，丁晓红编写了第15、16、17章，杨红卫编写了第18、19、20章。

由于编者水平有限，不当之处，在所难免，敬请同行专家不吝指正。

编者在编写过程中，得到领导和同事们的关心、支持和帮助，在此谨致谢忱！

编者

2017年12月

目录

CONTENTS

第1章

质点运动学

力学中描述物体运动的内容叫做运动学。本章讲解质点运动学，涉及的基本概念有：质点、参考系、位矢、位移、速度、加速度等，涉及的典型运动有：直线运动、抛体运动、圆周运动等，涉及的主要问题是：已知质点运动中某些物理量的变化规律，如何求出其他相关物理量的变化规律或特定值，等等。本章不讨论引起质点运动状态变化的力的作用问题。在本章的学习中，应特别注意矢量的表示方法和运算方法，注意微积分工具的运用。

本书采用国际单位制(简记为 SI)。

1.1 质点与参考系

1.1.1 质点

质点是指仅有质量的点状物。任何物体都有一定的大小、形状和质量。但是如果在研究的问题中，物体的大小和形状不起作用，或者所起的作用不显著可以忽略不计时，我们就可近似地把这物体看作是一个具有质量而没有大小和形状的质点。一个物体是否可抽象为一个质点，由问题的具体情况决定。例如，在研究地球围绕太阳的公转运动时可将地球当作质点，但在研究地球的自转运动时就不能把它当作质点了。

质点是一种理想模型，将研究对象抽象为一种理想模型，是科学研究中常用的一种方法，称为模型化方法。其目的是删繁就简，略去问题中的次要因素以突出主要因素的作用。在物理学中常用的理想模型还有刚体、理想气体、点电荷、单色光等。

1.1.2 参考系

物体运动的描述是相对的，是相对于其他物体或物体系而言的。在描述一个物体的运动时所选定的其他作为参考的物体或物体系，称为参考物。物体运动的形式随参考物的不同而不同。

需要指出的是，参考物总是指有静止质量的物体。这是因为在参考物上进行观测总需要仪器，而仪器总有静止质量。像光子这样的没有静止质量的物体，作为参考物是没有实际意义的。

与参考物固定连结的一个三维空间，称为参考空间。在参考空间中描述其他物体的运动总需要有时间的度量，这可以通过遍布于参考空间各处并与之固定连结的一套同步时钟(设想)来实现。参考空间和与之固定连结的一套同步时钟(设想)的组合，称为参考系。

在参考系中要具体描述物体的位置，还需要建立坐标系。常用的坐标系为直角坐标系。在具体问题中，给定了坐标系，也就意味着选定了相应的参考系。

1.2 位矢与位移

1.2.1 位矢

质点在某一时刻位于参考系中的某一点，该点的位置可用从坐标原点引到该点的一个矢量来表示，称为质点在该时刻的位置矢量，简称位矢。

如图 1.1 所示，质点位于 $P(x,y,z)$ 点，其位矢为 $\vec{r}=x\vec{i}+y\vec{j}+z\vec{k}$。式中，$\vec{i}$、$\vec{j}$、$\vec{k}$ 分别为沿 x、y、z 轴方向的单位矢量。

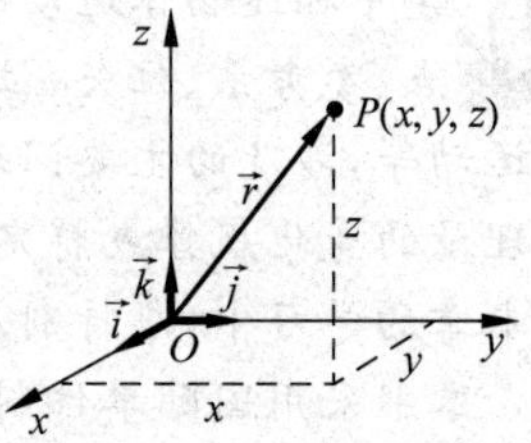

质点运动时，其位置随时间而变化，其位矢 $\vec{r}$ 是时间 t 的函数，可表为

$$\vec{r}(t)=x(t)\,\vec{i}+y(t)\,\vec{j}+z(t)\,\vec{k} \tag{1.1}$$

称之为质点的运动函数(旧称运动方程)。

图 1.1　质点的坐标和位矢

运动函数的分量式为

$$x=x(t),\quad y=y(t),\quad z=z(t) \tag{1.2}$$

质点运动所经过的路线，称为轨道。由运动函数的分量式，消去 t，即可得到质点位置坐标 x、y、z 满足的约束条件，称之为轨道方程。

例 1.1　已知质点的运动函数为 $\vec{r}=(t-1)\vec{i}+t^2\vec{j}$，求质点的轨道方程。

解　按题意，有

$$x=t-1,\quad y=t^2$$

消去 t，得

$$y=(x+1)^2$$

此即质点的轨道方程。

1.2.2 位移

位移是反映位置变化的物理量，指的是在某一时间间隔内质点位矢的增量。

如图 1.2 所示，在 t 到 $t+\Delta t$ 时间间隔内，质点的位移为

$$\Delta\vec{r}=\vec{r}(t+\Delta t)-\vec{r}(t) \tag{1.3}$$

显然，位移是矢量，它既有大小，又有方向，其大小记作 $|\Delta\vec{r}|$。

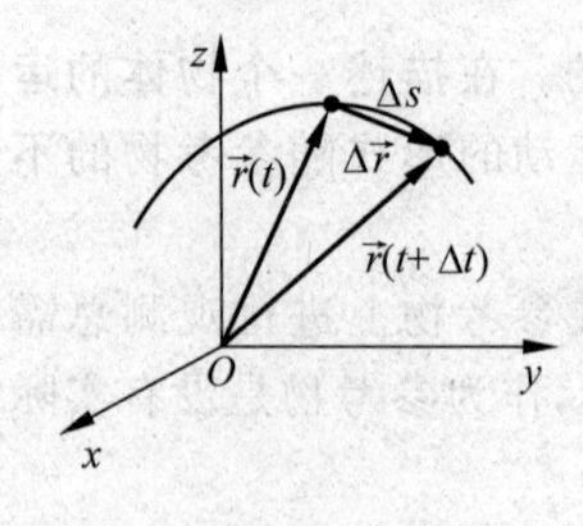

图 1.2　位移和路程

位移与路程有别。路程是指在某一时间间隔内质点所经过的路线的长度，它是标量，仅有大小，没有方向。在图 1.2 中，弧长 Δs 表示在 t 到 $t+\Delta t$ 时间间隔内质点所通过的路程。在一般情况下，$|\Delta\vec{r}|\neq\Delta s$。但有两种例外，一是质点沿直线运动，且在

某一时间间隔内质点的运动方向没有变化，则在该时间间隔内，有$|\Delta \vec{r}|=\Delta s$；二是在无穷小时间间隔内，即当$\Delta t\to 0$时，有$|\mathrm{d}\vec{r}|=\mathrm{d}s$。

应该注意，不可将位移$\Delta \vec{r}$或位移的大小$|\Delta \vec{r}|$，误写为Δr。后者Δr表示位矢大小的增量，在一般情形下，它与位矢增量的大小$|\Delta \vec{r}|$是不相等的。

在一维运动情形，例如，质点沿x轴运动的情形，常用$\Delta x=x(t+\Delta t)-x(t)$表示位移。这里$\Delta x$虽是标量，但其值的正负可表示位移的方向。

1.3　速度与加速度

1.3.1　速度

1. 平均速度与平均速率

设在t到$t+\Delta t$时间间隔内，质点的位移为$\Delta \vec{r}=\vec{r}(t+\Delta t)-\vec{r}(t)$，则在该时间间隔内，质点的平均速度定义为

$$\overline{\vec{v}}=\frac{\Delta \vec{r}}{\Delta t} \tag{1.4}$$

可见，平均速度是指在某一时间间隔内位移对时间的平均变化率。

设在t到$t+\Delta t$时间间隔内，质点通过的路程为Δs，则在该时间间隔内，质点的平均速率定义为

$$\bar{v}=\frac{\Delta s}{\Delta t} \tag{1.5}$$

可见，平均速率是指在某一时间间隔内路程对时间的平均变化率。

注意，由于在一般情况下$\Delta s\neq|\Delta \vec{r}|$，所以，通常$\bar{v}\neq|\overline{\vec{v}}|$，即平均速率通常并不等于平均速度的大小。

2. 瞬时速度与瞬时速率

设在t到$t+\Delta t$时间间隔内，质点的位移为$\Delta \vec{r}=\vec{r}(t+\Delta t)-\vec{r}(t)$，则在$t$时刻，质点的瞬时速度定义为

$$\vec{v}=\lim_{\Delta t\to 0}\frac{\Delta \vec{r}}{\Delta t}=\frac{\mathrm{d}\vec{r}}{\mathrm{d}t} \tag{1.6}$$

即瞬时速度是平均速度当时间间隔趋于零时的极限，简称速度。

瞬时速度与平均速度的上述关系，类似地也存在于其他许多涉及变化率的物理量中。例如，某一时刻的瞬时功率，被定义为该时刻附近某一时间间隔内的平均功率当时间间隔趋于零时的极限；物体某一点处的质量密度，被定义为该点附近某一体积元的平均质量密度当体积趋于零时的极限等。

根据式(1.3)，可通过运动函数对时间求导来得到质点的瞬时速度。设质点的运动函数为$\vec{r}(t)=x(t)\vec{i}+y(t)\vec{j}+z(t)\vec{k}$，则其速度函数为

$$\vec{v}(t)=\frac{\mathrm{d}x(t)}{\mathrm{d}t}\vec{i}+\frac{\mathrm{d}y(t)}{\mathrm{d}t}\vec{j}+\frac{\mathrm{d}z(t)}{\mathrm{d}t}\vec{k} \tag{1.7}$$

速度沿 3 个坐标轴的分量分别为：

$$v_x = \frac{dx}{dt}, \quad v_y = \frac{dy}{dt}, \quad v_z = \frac{dz}{dt} \tag{1.8}$$

类似地,瞬时速率(简称速率)定义为平均速率当时间间隔趋于零时的极限,即

$$v = \lim_{\Delta t \to 0} \frac{\Delta s}{\Delta t} = \frac{ds}{dt} \tag{1.9}$$

由于 $ds = |d\vec{r}|$,故有 $v = |\vec{v}|$,即瞬时速率等于瞬时速度的大小。

质点作曲线运动时,其速度方向总是沿着曲线的切向,并且指向运动方向。理由很简单,因$\vec{v} = \frac{d\vec{r}}{dt}$,当 $dt > 0$ 时,显然$\vec{v}$与 $d\vec{r}$ 方向一致。

在一维运动情形,例如,质点沿 x 轴运动的情形,习惯上用符号$\bar{v}$和 v 表示质点的平均速度和瞬时速度。其中,$\bar{v} = \frac{\Delta x}{\Delta t}$,$v = \frac{dx}{dt}$,它们是可正可负的,与速度方向有关。注意,不要把这里的$\bar{v}$和 v 误认作平均速率和瞬时速率。速度的国际单位是 m/s。

3. 某些速率值

光在真空中的速率约为 3.0×10^8 m/s;

地球公转的速率约为 3.0×10^4 m/s;

人造地球卫星的速率约为 7.9×10^3 m/s;

空气中的声速(0℃)约为 3.3×10^2 m/s;

大陆板块移动的速率约为 10^{-9} m/s。

例 1.2 质点沿 X 轴运动,其运动函数为 $x = 3t - t^3$,式中 x 的单位为 m,t 的单位为 s。求:(1)质点在 $t = 0 \sim 2$s 内的位移;(2)质点在 $t = 0 \sim 2$s 内的平均速度;(3)质点在 $t = 2$s 时的速度。

解 (1) 所求位移为 $\Delta x = x(2) - x(0) = (-2) - 0 = -2$m

(2) 所求平均速度为$\bar{v} = \frac{\Delta x}{\Delta t} = \frac{x(2) - x(0)}{2 - 0} = \frac{(-2) - 0}{2} = -1$m/s

(3) $v = \frac{dx}{dt} = 3 - 3t^2 = 3(1 - t^2)$

所求速度为 $v(2) = 3(1 - 2^2) = -9$m/s

1.3.2 加速度

1. 平均加速度

平均加速度是指速度对时间的平均变化率。设在 t 到 $t + \Delta t$ 时间间隔内,质点速度的增量为 $\Delta\vec{v} = \vec{v}(t + \Delta t) - \vec{v}(t)$,则在该时间间隔内,质点的平均加速度为

$$\bar{\vec{a}} = \frac{\Delta \vec{v}}{\Delta t} \tag{1.10}$$

2. 瞬时加速度

瞬时加速度(简称加速度)是平均加速度当时间间隔趋于零时的极限。设在 t 到 $t + \Delta t$ 时间间隔内,质点速度的增量为 $\Delta\vec{v} = \vec{v}(t + \Delta t) - \vec{v}(t)$,则在 t 时刻,质点的瞬时加速度为

$$\vec{a}=\lim_{\Delta t\to 0}\frac{\Delta\vec{v}}{\Delta t}=\frac{\mathrm{d}\vec{v}}{\mathrm{d}t}=\frac{\mathrm{d}^2\vec{r}}{\mathrm{d}t^2}\tag{1.11}$$

利用式(1.7)，可通过求导来得到质点的瞬时加速度。设质点的运动函数为$\vec{r}(t)=x(t)\vec{i}+y(t)\vec{j}+z(t)\vec{k}$，速度函数为$\vec{v}(t)=v_x(t)\vec{i}+v_y(t)\vec{j}+v_z(t)\vec{k}$，则其加速度函数为

$$\vec{a}(t)=\frac{\mathrm{d}v_x(t)}{\mathrm{d}t}\vec{i}+\frac{\mathrm{d}v_y(t)}{\mathrm{d}t}\vec{j}+\frac{\mathrm{d}v_z(t)}{\mathrm{d}t}\vec{k}=\frac{\mathrm{d}^2x(t)}{\mathrm{d}t^2}\vec{i}+\frac{\mathrm{d}^2y(t)}{\mathrm{d}t^2}\vec{j}+\frac{\mathrm{d}^2z(t)}{\mathrm{d}t^2}\vec{k}\tag{1.12}$$

加速度沿 3 个坐标轴的分量为

$$a_x=\frac{\mathrm{d}^2x(t)}{\mathrm{d}t^2},\quad a_y=\frac{\mathrm{d}^2y(t)}{\mathrm{d}t^2},\quad a_z=\frac{\mathrm{d}^2z(t)}{\mathrm{d}t^2}$$

在一维运动情形下，例如，质点沿 x 轴运动的情形，习惯上用符号$\bar{a}$和 a 表示质点的平均加速度和瞬时加速度，$\bar{a}=\frac{\Delta v}{\Delta t}$，$a=\frac{\mathrm{d}v}{\mathrm{d}t}=\frac{\mathrm{d}^2x}{\mathrm{d}t^2}$（$v$ 是速度）。其中，$\bar{a}$和 a 可正可负，与加速度方向有关。加速度的国际单位是 $\mathrm{m/s^2}$。

例 1.3　质点沿 x 轴运动，其 x—t 曲线如图 1.3 所示，该曲线可分为 4 段，其中 OA 段和 BC 段为直线段，且 BC 段平行于 t 轴。试问：在每一段曲线所对应的时间间隔内，质点的速度和加速度的值分别是大于零、等于零，还是小于零？

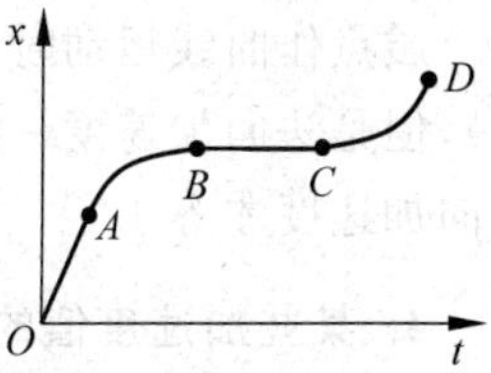

图 1.3　例 1.3 用图

解　由 $v=\frac{\mathrm{d}x}{\mathrm{d}t}$和 $a=\frac{\mathrm{d}^2x}{\mathrm{d}t^2}$知，该质点的速度和加速度的值分别是运动函数 $x=x(t)$的一阶和二阶导数值。

又由导数的几何意义知，函数的一、二阶导数值分别依赖于函数曲线的切线斜率和曲线的凹凸性。

于是，根据图 1.3 中每一段曲线的几何特点，可以作出如下判断：

在 OA 段曲线所对应的时间间隔内，$v>0,a=0$；

在 AB 段曲线所对应的时间间隔内，$v>0,a<0$；

在 BC 段曲线所对应的时间间隔内，$v=0,a=0$；

在 CD 段曲线所对应的时间间隔内，$v>0,a>0$。

3. 平面曲线运动中的加速度

在平面曲线运动中，质点的加速度通常既有切向分量，又有法向分量，如图 1.4 所示。

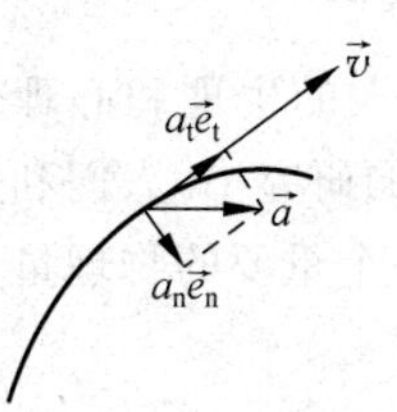

图 1.4　曲线运动中的加速度

可将加速度$\vec{a}$表示为

$$\vec{a}=a_t\vec{e}_t+a_n\vec{e}_n\tag{1.13}$$

其中，$\vec{e}_t$ 称为切向单位矢量，它沿曲线的切向，指向质点运动的方向；$\vec{e}_n$ 称为法向单位矢量，它沿曲线的法向，指向曲线的凹侧；a_t 称为切向加速度，它是$\vec{a}$在$\vec{e}_t$ 方向上的投影；a_n 称为法向加速度，它是$\vec{a}$在$\vec{e}_n$ 方向上的投影。

这里实际上采用的是自然坐标系，$\vec{e}_t$ 和$\vec{e}_n$ 是自然坐标系中的两个单位矢量。自然坐标系是在描述质点的平面曲线运动时所采用的一种坐标系。在已知质点运动轨道的情况下，选取轨道曲线上的一点 O 为原点，用原点与质点所在位置之间的轨道长度 s 来描写质点的位置，并在质点所在处定义上述两个单位矢量$\vec{e}_t$ 和$\vec{e}_n$，这样建立起来的坐标系，就称为自然坐标系。

需要注意的是,$\vec{e}_t$ 和$\vec{e}_n$ 虽然是单位矢量,长度一定,但方向却随质点在曲线上的运动而改变,所以不是常矢量。这一点与直角坐标系中的三个单位矢量$\vec{i}$、$\vec{j}$、$\vec{k}$是不同的。

下面,简要说明切向加速度 a_t 和法向加速度 a_n 的定量表达。

设质点的速率为 v,则速度可表为$\vec{v}=v\vec{e}_t$,这里 v 和$\vec{e}_t$ 都随时间变化。于是加速度$\vec{a}=\frac{d\vec{v}}{dt}=\frac{dv}{dt}\vec{e}_t+v\frac{d\vec{e}_t}{dt}$。可以证明,$\frac{d\vec{e}_t}{dt}=\frac{v}{\rho}\vec{e}_n$,其中 ρ 是曲线上质点所在处的曲率半径,$\frac{v}{\rho}$在物理上表示质点沿曲率圆运动的角速度,也是$\vec{e}_t$ 转动的角速度。因而得到

$$\vec{a}=\frac{dv}{dt}\vec{e}_t+\frac{v^2}{\rho}\vec{e}_n \tag{1.14}$$

即

$$a_t=\frac{dv}{dt},\quad a_n=\frac{v^2}{\rho} \tag{1.15}$$

从物理意义来说,切向加速度 a_t 反映速度大小对时间的变化率,而法向加速度 a_n 则反映速度方向变化的快慢。

质点作曲线运动时,其切向加速度是可以为零的(在此情形,质点的速度大小保持不变),但是法向加速度一般不为零。仅在曲线的曲率半径为无穷大处(例如,曲线的拐点处),法向加速度才等于零。

4. 某些加速度值的数量级

使汽车撞坏的加速度:$10^3\,m/s^2$。

地球自转在赤道上一点产生的加速度:$10^{-2}\,m/s^2$。

地球公转的加速度:$10^{-3}\,m/s^2$。

太阳绕银河系中心转动的加速度:$10^{-10}\,m/s^2$。

*1.3.3 加加速度

加速度对时间的变化率,称为加加速度,又称为急动度,通常用$\vec{j}$表示。

$$\vec{j}=\frac{d\vec{a}}{dt} \tag{1.16}$$

近年来急动度概念的应用日益广泛。在交通工程中,急动度引起的人的生理和心理效应已受到重视,并成为道路设计中的一项重要考虑因素。在非线性系统的研究中,人们利用急动度概念创建了一门称为"猝变动力学"的新学科。急动度已经成为一个重要的物理量。

1.4 抛体运动

在无风的情况下,在地面附近不太大的范围内,抛出的物体沿抛物线运动,称为抛体运动。

抛体运动可分解为一个水平方向的匀速直线运动和一个竖直方向的匀变速直线运动。如图 1.5 所示,设抛体的初速度为$\vec{v}_0$,速度方向与水平方向的夹角为 θ,则抛体的运动函数分量形式可表为

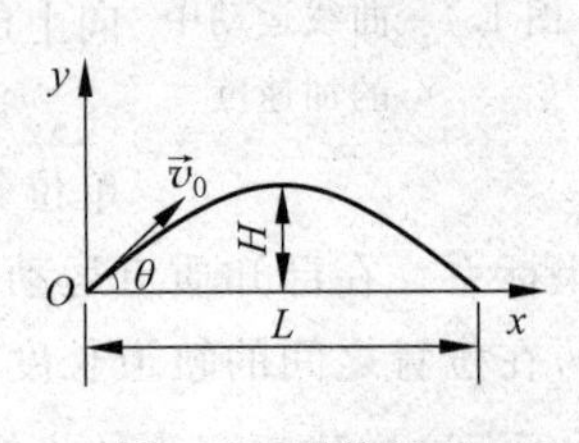

图 1.5 抛体运动

$$\begin{cases} x = (v_0\cos\theta)t \\ y = (v_0\sin\theta)t - \dfrac{1}{2}gt^2 \end{cases} \tag{1.17}$$

其中 g 为重力加速度的大小。

由此式可求出该运动的一些特征量,如:射高 H(抛体所能达到的最大高度)、射程 L(抛体落到与抛射点同一高度时所通过的水平距离)等。易知

$$H = \frac{(v_0\sin\theta)^2}{2g},\quad L = \frac{v_0^2\sin2\theta}{g} \tag{1.18}$$

并且,在初速度大小一定的条件下,射高随 θ 的增大而增大,射程则在 $\theta=45°$时为最大。

抛体运动的一个重要特点是:加速度恒为重力加速度$\vec{g}$。因此,将$\vec{g}$分别向$\vec{e}_t$ 和$\vec{e}_n$ 方向上投影,即可得到切向加速度 a_t 和法向加速度 a_n。这是处理抛体运动问题时常用的一种方法。

抛体运动这一简单的运动形式,近年来在宇航员的失重训练中得到应用,相关的技术称为"飞抛物线"。

例 1.4　如图 1.6 所示,物体作斜抛运动。在轨道上的 A 点处,物体速度的大小为 v,速度方向与水平方向的夹角为 45°。求在 A 点处物体的切向加速度 a_t 和轨道的曲率半径 ρ。

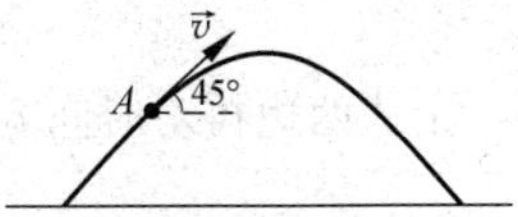

图 1.6　例 1.4 用图

解　物体作斜抛运动,加速度恒为重力加速度$\vec{g}$。将$\vec{g}$向 A 点处的切向单位矢量$\vec{e}_t$ 方向(与$\vec{v}$方向一致)上投影,即得

$$a_t = g\cos(90° + 45°) = -\frac{\sqrt{2}}{2}g$$

将$\vec{g}$向 A 点处的法向单位矢量$\vec{e}_n$ 方向(与$\vec{v}$方向垂直,指向轨道凹侧)上投影,可得

$$a_n = g\cos45° = \frac{\sqrt{2}}{2}g$$

再由

$$a_n = \frac{v^2}{\rho}$$

可得

$$\rho = \frac{v^2}{a_n} = \frac{\sqrt{2}v^2}{g}$$

1.5　圆周运动

圆周运动是一种常见的平面曲线运动,其特点是:圆周上各点处的曲率半径都相等,就等于圆周的半径 R。根据前面关于曲线运动中速度、加速度的讨论可知,质点作圆周运动时,其速度方向沿圆周的切向,速率等于路程对时间的变化率,即 $v=\dfrac{\mathrm{d}s}{\mathrm{d}t}$,切向加速度 $a_t=\dfrac{\mathrm{d}v}{\mathrm{d}t}$,法向加速度 $a_n=\dfrac{v^2}{R}$。

1. 线量与角量

在圆周运动的描写中,除了使用上述物理量之外,还常常使用另一些物理量。下面对此作简要介绍。

如图1.7所示，质点沿着以坐标原点O为圆心、半径为R的圆周运动，在t时刻，质点位于图中所示的位置，速度为$\vec{v}$。选取圆周与OX轴的交点O'为自然坐标系的原点，则O'与质点所在位置之间的弧长s即为描写质点位置的自然坐标，对应的圆心角θ即为质点的角位置，我们有

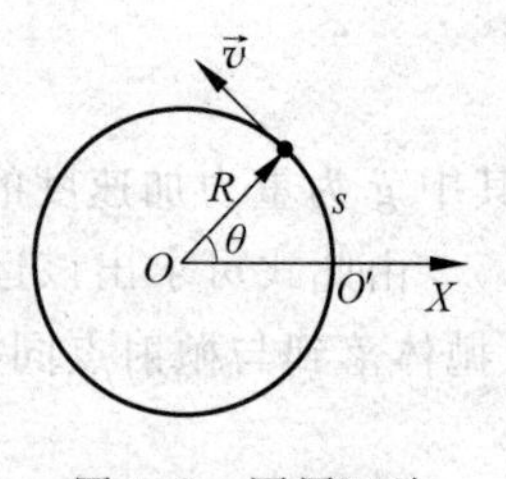

图1.7 圆周运动

$$s = R\theta \tag{1.19}$$

随着质点的运动，s与θ都在变化。式(1.19)两边取增量，可得

$$\Delta s = R\Delta\theta \tag{1.20}$$

其中，Δs就是质点在相应时间间隔内通过的路程，而$\Delta\theta$则称为角位移。

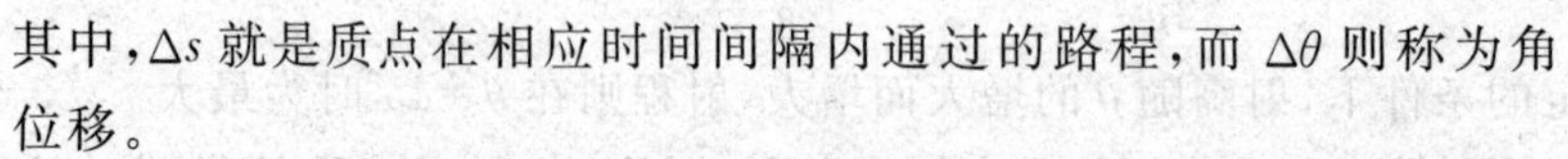

将式(1.19)两边对时间t求导，可得$\frac{ds}{dt}=R\frac{d\theta}{dt}$。其中，$\frac{ds}{dt}$是路程对时间的变化率，即质点的速率$v$；$\frac{d\theta}{dt}$是角位置对时间的变化率，称为角速度，记作$\omega$，其国际单位为rad/s或$s^{-1}$。于是有

$$v = R\omega \tag{1.21}$$

上式两边再对时间t求导，可得$\frac{dv}{dt}=R\frac{d\omega}{dt}$。其中，$\frac{dv}{dt}$是速率对时间的变化率，即切向加速度$a_t$；$\frac{d\omega}{dt}$是角速度对时间的变化率，称为角加速度，记作$\alpha$，国际单位为$rad/s^2$或$s^{-2}$。于是有

$$a_t = R\alpha \tag{1.22}$$

此外，由$a_n=\frac{v^2}{R}$和$v=R\omega$，可得

$$a_n = R\omega^2 \tag{1.23}$$

通常将自然坐标s、路程Δs、速率v、切向加速度a_t和法向加速度a_n称为线量，而将角位置θ、角速度ω和角加速度α，称为角量。式(1.19)～式(1.23)给出了线量与角量之间的关系。这些关系在处理圆周运动问题时常常用到。

2. 匀速率圆周运动

特点：速率v恒定(角速度ω恒定)，切向加速度$a_t=0$(角加速度$\alpha=0$)，法向加速度大小恒定、方向不断改变。

3. 匀变速率圆周运动

特点：切向加速度大小恒定、方向不断改变(角加速度α恒定)。

在匀变速率圆周运动中，线量满足以下关系式：

$$v = v_0 + a_t t,\quad \Delta s = v_0 t + \frac{1}{2}a_t t^2,\quad v^2 - v_0^2 = 2a_t\Delta s \tag{1.24}$$

相应地，角量满足以下关系式：

$$\omega = \omega_0 + \alpha t,\quad \Delta\theta = \omega_0 t + \frac{1}{2}\alpha t^2,\quad \omega^2 - \omega_0^2 = 2\alpha\Delta\theta \tag{1.25}$$

例1.5 质点沿半径为0.1m的圆周运动，其角位置随时间变化的函数为$\theta=2+t^2$，式中θ的单位为弧度rad，t的单位为秒s。求$t=1$s时，质点的切向加速度a_t和法向加速度a_n的值。

解　角速度 $\omega=\frac{\mathrm{d}\theta}{\mathrm{d}t}=2t$

角加速度 $\alpha=\frac{\mathrm{d}\omega}{\mathrm{d}t}=2$

于是，所求切向加速度 $a_t=R\alpha=0.1\times2=0.2\mathrm{m/s^2}$

所求法向加速度 $a_n=R\omega^2=0.1\times2^2=0.4\mathrm{m/s^2}$

1.6　运动学中的两类问题

运动学不仅要定义一些物理量来描写质点的运动状态及其变化，更重要的是要解决已知其中某些量的变化规律怎样求出另一些量的变化规律或其特定值的问题。本节将举例讨论后者。

通常，后者又可分为两类问题。一类是已知质点的运动函数，怎样求出速度函数或其特定值？或已知质点的速度函数，怎样求出加速度函数或其特定值？该类问题主要通过求导的方法来解决。另一类是反过来，已知质点的加速度函数及速度的初始值，怎样求出速度函数或其特定值？或已知质点的速度函数及位置的初始值，怎样求出质点的运动函数或特定位置？该类问题主要通过积分的方法来解决。

下面通过几个例题来说明，怎样借助于微积分工具来解决运动学中的上述两类问题。

例1.6　质点的运动函数为 $\vec{r}=a\cos\omega t\,\vec{i}+b\sin\omega t\,\vec{j}$，其中 a、b、ω 均为正的常量，试求质点在 $t=0$ 时刻的速度和在 $t=\frac{\pi}{2\omega}$ 时刻的加速度。

解　速度函数 $\vec{v}(t)=\frac{\mathrm{d}\vec{r}}{\mathrm{d}t}=-a\omega\sin\omega t\,\vec{i}+b\omega\cos\omega t\,\vec{j}$

于是，在 $t=0$ 时刻的速度为 $\vec{v}(0)=b\omega\,\vec{j}$

加速度函数 $\vec{a}(t)=\frac{\mathrm{d}\vec{v}}{\mathrm{d}t}=-a\omega^2\cos\omega t\,\vec{i}-b\omega^2\sin\omega t\,\vec{j}$

于是，在 $t=\frac{\pi}{2\omega}$ 时刻的加速度为 $\vec{a}\left(\frac{\pi}{2\omega}\right)=-b\omega^2\,\vec{j}$

例1.7　质点沿半径为 R 的圆周运动，其速率与时间的关系为 $v=ct^2$，其中 c 为正的常量，试求：

(1) 质点在 t 时刻的加速度大小；

(2) 从 $t=0$ 到任意时刻 t 质点所通过的路程。

解　(1) 在 t 时刻，$a_t=\frac{\mathrm{d}v}{\mathrm{d}t}=2ct$，$a_n=\frac{v^2}{R}=\frac{c^2t^4}{R}$

于是，加速度大小 $a=\sqrt{a_t^2+a_n^2}=\frac{ct}{R}\sqrt{4R^2+c^2t^6}$

(2) 由 $v=ct^2$，得 $\frac{\mathrm{d}s}{\mathrm{d}t}=ct^2$

分离变量后，有 $\mathrm{d}s=ct^2\,\mathrm{d}t$

两边作积分：$\int_0^{\Delta s}\mathrm{d}s=\int_0^t ct^2\,\mathrm{d}t$

于是，得 $\Delta s=\frac{1}{3}ct^3$

例 1.8 质点沿 x 轴运动，在 $x=0$ 处，速度为 v_0，已知质点加速度与速度的关系为 $a=-kv^2$，其中 k 为正的常量。试求出质点速度 v 与位置坐标 x 之间的函数关系。

解 由 $a=-kv^2$，得 $\frac{dv}{dt}=-kv^2$

其中 $\frac{dv}{dt}=\frac{dv}{dx}\frac{dx}{dt}=\frac{dv}{dx}v$

于是有 $\frac{dv}{dx}=-kv$

分离变量后，得 $\frac{dv}{v}=-kdx$

两边作积分：$\int_{v_0}^{v}\frac{dv}{v}=\int_0^x -kdx$

得 $\ln\frac{v}{v_0}=-kx$

整理得 $v=v_0e^{-kx}$

1.7 运动的相对性

运动的描述是相对的。同一个物体的运动，在不同参考系中观测，结果一般是不同的。那么，这些不同参考系的观测结果之间，是否存在着某种联系呢？回答是肯定的。这里，我们主要讨论在两个相对作平移运动（即物体内任一直线在运动中始终保持与自身平行的一种机械运动）的参考系中对同一个物体的运动进行观测，所得到的两组运动学参量之间的关系。

如图 1.8 所示，参考系 O' 相对于参考系 O 作平移运动，在任意时刻，在参考系 O 中观测，参考系 O' 的原点的位矢为 $\vec{r}_{OO'}$。设该时刻在参考系 O 中观测到某质点的位矢为 $\vec{r}$，在参考系 O' 中观测到同一质点的位矢为 $\vec{r}'$，则有

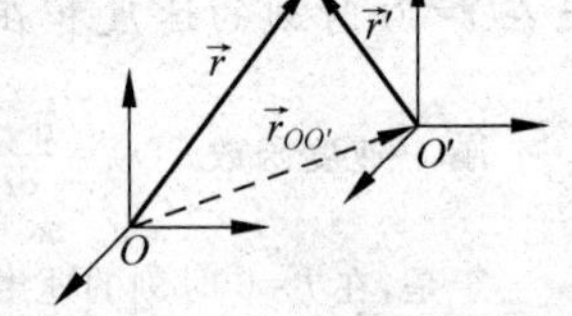

图 1.8 相对运动

$$\vec{r}=\vec{r}'+\vec{r}_{OO'} \tag{1.26}$$

将上式两边对时间求导，得

$$\vec{v}=\vec{v}'+\vec{v}_{OO'} \tag{1.27}$$

这是在两个参考系中观测到的同一质点的运动速度之间的关系，也叫伽利略速度变换。

再将式(1.27)两边对时间求导，得

$$\vec{a}=\vec{a}'+\vec{a}_{OO'} \tag{1.28}$$

该式给出了在两个参考系中观测到的同一质点的加速度之间的关系。

如果两个参考系相对作匀速运动，即 $\vec{v}_{OO'}$ 为常量，则 $\vec{a}_{OO'}=0$，于是有 $\vec{a}=\vec{a}'$。

式(1.26)～式(1.28)集中反映了在两个相对作平移运动的参考系中对同一质点运动的观测结果之间的联系，但这些联系仅在两个参考系的相对运动速度远小于真空中光速的条件下成立。进一步的讨论将在第 8 章"狭义相对论基础"中展开。

最后指出，当大块物体作平移运动时，在任一时刻，物体上各点都具有相同的速度和加速度，因此，可用物体上任意一点的运动来代表整个物体的运动，在此情形，物体运动的描述与质点相同。

第2章

牛顿运动定律与万有引力定律

第1章学习了质点运动学。本章要追根溯源，探讨是什么导致了质点运动状态的改变，即质点动力学。早在17世纪80年代，艾萨克·牛顿(Isaac Newton，1642—1727，英国物理学家、数学家、天文学家和自然哲学家)就对此问题做了深入研究，并在1687年7月5日发表的《自然哲学的数学原理》一书中提出了牛顿运动定律和万有引力定律，奠定了经典力学的基础。本章将学习牛顿三定律、万有引力定律、国际单位制和量纲、非惯性系中的惯性力等内容。

2.1 牛顿运动定律

牛顿运动定律描述受力物体的运动与所受合外力之间的关系，是由大量实验事实总结得出的实验规律。牛顿运动定律共有三大定律，应用这些定律，可以分析物体在外力作用下的各种运动状态和形式。

2.1.1 牛顿第一定律

牛顿第一定律可以表述为：

任何物体都将保持静止或匀速直线运动状态，直到作用到它上面的力迫使它改变这种状态为止。

第一定律中所描述的物体保持静止或匀速直线运动状态的性质称为惯性。任何物体在任何情况下都有惯性，惯性是物体的固有属性，所以牛顿第一定律也称为惯性定律。

第一定律还给出了力的概念，强调力不是使物体运动的原因，而是使物体运动状态发生变化的原因。如果物体所受合外力为零，则保持其原来运动状态不变，否则其运动状态将会发生变化。

2.1.2 牛顿第二定律

牛顿第一定律定性地给出力是改变物体运动状态的原因，并没有给出定量关系，运动和力之间的定量关系是牛顿第二定律给出的。常见的牛顿第二定律的表述为：

物体受到外力作用时,它所获得的加速度的大小与所受合外力大小成正比,与物体的质量成反比,加速度的方向与合外力的方向相同。其数学表示形式为

$$\vec{F} = m\vec{a} \tag{2.1}$$

但在牛顿的《自然哲学的数学原理》一书中,式(2.1)从未出现,原文是这样叙述的:

"运动的变化与所加的动力成正比,并且发生在这力所沿的直线的方向上。"

这里的"运动"指的是物体质量和速度的乘积 $m\vec{v}$,现在我们称之为物体的动量,用$\vec{p}$表示;动力即物体所受合外力;运动的变化指的是动量随时间的变化率,所以牛顿第二定律的数学表达式实际上是

$$\vec{F} = \frac{\mathrm{d}\vec{p}}{\mathrm{d}t} \tag{2.2}$$

式(2.2)也称作牛顿第二定律的微分形式。还可以写作

$$\vec{F} = \frac{\mathrm{d}\vec{p}}{\mathrm{d}t} = m\frac{\mathrm{d}\vec{v}}{\mathrm{d}t} + \frac{\mathrm{d}m}{\mathrm{d}t}\vec{v}$$

在相对论一章将会学到质量是一个与速率有关的量,随运动速率的增加而增大,但如果物体的运动速率远小于光速时,质量的变化非常小,可以认为是常量,即$\frac{\mathrm{d}m}{\mathrm{d}t}=0$,此时式(2.2)即为式(2.1)。

物体是否运动用速度是否为零来表示,物体运动状态是否改变可用加速度是否为零表示。对同一物体,所受合外力越大则加速度就越大;对质量不同的多个物体,在相同合外力的作用下,质量越大则加速度越小,即质量越大的物体,其运动状态越难改变,也就是质量越大则惯性越大。所以牛顿第二定律中的质量也称为惯性质量。

还要注意的是牛顿第二定律是力对物体瞬时作用的规律,具有瞬时性,因此,$\vec{F}$与$\vec{a}$必须是同一时刻的瞬时量。

用牛顿第二定律研究的对象必须是能看成为质点的低速运动的宏观物体。作高速(可与光速相比)运动的物体,要用相对论力学来讨论。而对于微观领域的问题,则必须要用到量子力学。

牛顿第二定律中的$\vec{F}$是合外力,当物体同时受到几个力$\vec{F}_1$、$\vec{F}_2$、$\vec{F}_3$、…、$\vec{F}_n$共同作用时,实验表明,合外力等于这些力的矢量和,即

$$\vec{F} = \vec{F}_1 + \vec{F}_2 + \vec{F}_3 + \cdots + \vec{F}_n = \sum_{i=1}^{n}\vec{F}_i \tag{2.3}$$

这一结果称作力的叠加原理。因此,牛顿第二定律还可写为

$$\vec{F} = \sum_{i=1}^{n}\vec{F}_i = m\vec{a}$$

在实际应用中,沿不同方向的分量式也常用到,例如在直角坐标系中牛顿第二定律的分量式可表示为

$$\begin{cases} F_x = F_{1x} + F_{2x} + F_{3x} + \cdots + F_{nx} = ma_x \\ F_y = F_{1y} + F_{2y} + F_{3y} + \cdots + F_{ny} = ma_y \\ F_z = F_{1z} + F_{2z} + F_{3z} + \cdots + F_{nz} = ma_z \end{cases} \tag{2.4}$$

在曲线运动中,牛顿第二定律沿切向和法向的分量式为

$$\begin{cases} F_t = ma_t \\ F_n = ma_n \end{cases} \tag{2.5}$$

2.1.3　牛顿第三定律

牛顿第三定律的内容是：

物体间的作用力和反作用力大小相等而方向相反，且在同一直线上。也就是说，物体 A 给物体 B 一个作用力$\vec{F}_{AB}$，则物体 B 一定同时给物体 A 一个作用力$\vec{F}_{BA}$，$\vec{F}_{AB}$和$\vec{F}_{BA}$大小相等而方向相反，且在同一直线上，数学表示为

$$\vec{F}_{AB} = -\vec{F}_{BA} \tag{2.6}$$

对牛顿第三定律需要注意以下几点：作用力和反作用力是同一性质的力。例如磁铁之间的相互作用力都是磁力，电荷之间的相互作用力都是电场力，走路时脚与地面之间的相互作用力都是摩擦力等。其次，作用力和反作用力分别作用在两个物体上，不是平衡力，不能抵消。作用力和反作用力总是成对出现，绝不可能存在一个物体受到一个作用力而没有施加一反作用力到施力物体的情况。如果相互作用的物体组成一个系统，则物体之间的作用力反作用力称为系统的内力，对整个系统而言，所有内力是可以求和的，其矢量和为零。

一个有趣的实例就是拔河比赛。实际上拔河比赛比的不仅仅是力气大小那么简单。根据牛顿第三定律，对于拔河的两个队，甲对乙施加了多大拉力，乙对甲也同时产生一样大小的拉力。可见，双方之间的拉力并不是决定胜负的因素。换句话说，参与拔河的两个队组成了一个系统，两队之间的相互作用力实际上是一对内力，矢量和为零。决定胜负的实际上是地面作用到两个队的摩擦力的矢量和，因此，增大与地面的摩擦力就成了胜负的关键。穿上鞋底有凹凸花纹的鞋子，能够增大摩擦系数，使摩擦力增大；选择体重大的队员增加对地面的压力也可增大摩擦力，增加获胜概率，当然拔河过程中其他技巧也是需要的。

2.2　惯性系与非惯性系

在运动学中参考系可以任意选取，视解决问题方便而定。但在动力学中参考系的选取却不是任意的。例如在汽车车厢内，一光滑水平桌面上放置一小球，当车厢静止时，小球因受合外力为零，静止于水平桌面上。经验告诉我们，当车厢向右作加速运动时，在车厢里的观察者会发现，小球将向左作加速运动；当车厢在弯道拐弯时，小球还会被抛出。而以上两种情况，小球所受合外力均为零，这与牛顿第一定律、第二定律相矛盾。所以牛顿第一定律将参考系分为了两类，惯性参考系和非惯性参考系。牛顿第一定律在其中成立的参考系为惯性系，反之牛顿第一定律在其中不成立的参考系为非惯性系。相对地面加速运动和拐弯的车厢是非惯性系。牛顿第二定律只在惯性系中成立，而牛顿第三定律则适用于惯性系和非惯性系。

严格的惯性系是不存在的。判断一个实际的参考系是不是惯性系取决于对参考系加速度精度的要求。地球由于自转，在地球赤道处的物体产生的向心加速度为 $3.4\times10^{-2}\,m/s^2$，因此，地面参考系不是一个很好的惯性参考系；地球还绕太阳公转，其向心加速度约为 $6\times10^{-3}\,m/s^2$，可见，地心参考系相对于地面参考系好一些；而太阳绕银河系中心转动的向心加

速度仅为 $3\times10^{-10}\mathrm{m/s^2}$,日心参考系可以算作一个比较准确的惯性参考系。但对一般工程技术问题,通常选地面参考系为惯性系。

所有相对于一个惯性系静止或作匀速直线运动的参考系都是惯性系。

2.3 牛顿定律的应用

动力学和运动学是密切相关的,一方面可以通过受力分析了解物体的运动情况,另一方面可以通过运动方程获得加速度,从而知道其所受合外力。下面通过几个实例学习牛顿定律的应用。

例 2.1 如图 2.1(a)所示,一漏斗沿铅直轴作匀角速度转动,其内壁有一质量为 m 的小木块,木块到转轴的垂直距离为 r。m 与内壁间的静摩擦因数为 μ,漏斗壁与水平方向成 θ 角。

(1) 若要使木块对于漏斗内壁静止不动,漏斗的最大角速度是多少?

(2) 若 $r=0.6\mathrm{m}$,$\mu=0.5$,$\theta=45°$,求最大角速度的值。

解 (1) 木块 m 受重力、支持力和摩擦力,若要使木块对于漏斗内壁静止不动,其所受合外力的垂直分量一定为零。经分析知道,若角速度较小,在水平面内作圆周运动的木块需要的向心力也较小,则支持力 N 也很小,要想达到受力平衡,所受摩擦力应指向斜上方。但当角速度取极大值时,支持力 N 较大,则木块所受摩擦力应指向斜下方。对木块 m 的受力分析如图 2.1(b)所示。木块所受摩擦力为

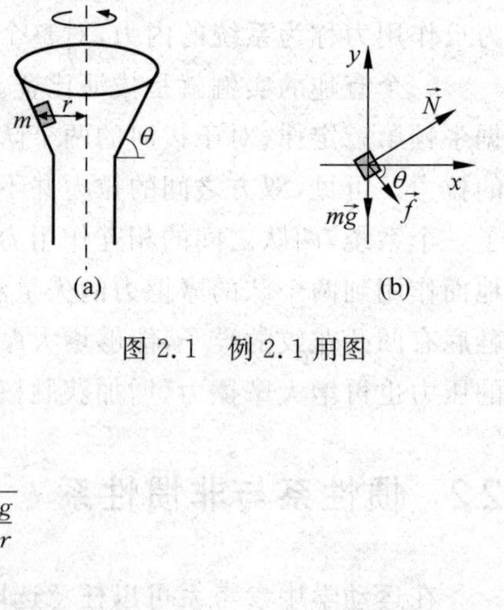

$$f=\mu N$$

x 方向的分量式为

$$N\sin\theta+f\cos\theta=m\omega^2 r$$

y 方向的分量式为

$$f\sin\theta+mg=N\cos\theta$$

图 2.1 例 2.1用图

联立以上三式得

$$\omega_{\max}=\sqrt{\frac{(\sin\theta+\mu\cos\theta)g}{(\cos\theta-\mu\sin\theta)r}}$$

(2) 将 $r=0.6\mathrm{m}$,$\mu=0.5$,$\theta=45°$代入得 $\omega_{\max}=7.0\mathrm{rad/s}$

本题中漏斗如果绕其轴匀加速转动,我们还可以计算出木块的切向加速度。

例 2.2 一质量为 m 的快艇以速率 v_0 行驶,受到水的黏滞阻力 f 与速率平方成正比,比例系数为正常数 k。求当快艇发动机关闭后:

(1) 速度和时间的关系;

(2) 速度和路程之间的关系。设快艇关机时 $t=0$。

解 (1) 本例题中快艇沿一直线运动,可转化为标量计算。设快艇运动方向为 x 轴正方向,所受水的阻力即合力,满足

$$f=-kv^2=ma=m\frac{\mathrm{d}v}{\mathrm{d}t}$$

上式分离变量后两边积分,并代入积分上下限有

$$-\int_0^t\frac{k}{m}\mathrm{d}t=\int_{v_0}^{v}\frac{\mathrm{d}v}{v^2}$$

即
$$\frac{1}{v}-\frac{1}{v_0}=\frac{k}{m}t$$
整理即得速度和时间的关系为
$$v=\frac{mv_0}{kv_0t+m}$$
(2) 求速度和路程之间的关系需要作以下变换
$$f=-kv^2=m\frac{\mathrm{d}v}{\mathrm{d}t}=m\frac{\mathrm{d}v}{\mathrm{d}x}\frac{\mathrm{d}x}{\mathrm{d}t}=mv\frac{\mathrm{d}v}{\mathrm{d}x}$$
即
$$-kv^2=mv\frac{\mathrm{d}v}{\mathrm{d}x}$$
分离变量并代入积分上下限有
$$-\int_0^x\frac{k}{m}\mathrm{d}x=\int_{v_0}^v\frac{\mathrm{d}v}{v}$$
则路程和速度的关系为
$$v=v_0\mathrm{e}^{-\frac{k}{m}x}$$
本题中还可以通过(1)中的 $v\sim t$ 关系积分得到 $x\sim t$,联立两式,消掉 t 即得 $v—x$ 的关系式,但是相对于上面的方法要复杂一些。

2.4　万有引力定律

万有引力是自然界中任何两个物体之间都存在的一种相互吸引力,牛顿在开普勒、胡克、雷恩、哈雷等前人研究的基础上,凭借他超凡的数学能力在 1687 年发表的《自然哲学的数学原理》一书中提出了万有引力定律:

任何两个质点之间万有引力的大小与两质点质量的乘积成正比,与两质点间距离的平方成反比,方向沿两质点的连线。其数学形式为
$$F=G\frac{m_1m_2}{r^2}\tag{2.7}$$
其中,m_1、m_2 为两质点的质量,r 为两质点之间的距离,G 为万有引力常数。牛顿在推出万有引力定律时,并没能得出引力常量 G 的具体值。G 的数值于 1789 年由卡文迪许利用他所发明的扭秤得出,其值为
$$G=6.67\times10^{-11}\,\mathrm{m^3/(kg\cdot s^2)}$$
卡文迪许的扭秤实验,不仅证明了万有引力定律,同时也让此定律有了更广泛的应用价值。

由万有引力定律可以发现质量 m 表现出来的不是惯性的性质,所以不再称为惯性质量,而称为引力质量。惯性质量和引力质量反映的是物质两种完全不同的属性,例如图 2.2 所示,一个物块当用天平称其质量时,利用的是物块和砝码所受重力相对于天平支点形成的力矩相等,测出的是引力质量;但是如果将此物块掷向一块玻璃,玻璃受到撞击时感受到的是物块动量 $m\vec{v}$ 的变化,此质量则为惯性质量。

图 2.2　天平所称物块质量为引力质量

我们选定一个物体作为“标准物体”,记作“0”,其他任意一

个物体记作“A”,定义标准物体与任意物体的引力质量之比等于其重量之比,即

$$\frac{m_{A引}}{m_{0引}} = \frac{W_A}{W_0} \tag{2.8}$$

其中 W_A 和 W_0 为任意物体 A 和标准物体的重量。根据牛顿第二定律,物体 A 和标准物体所受的重力可通过其自由降落时获得的重力加速度计算出来,分别为

$$W_A = m_{A惯} g_A, \quad W_0 = m_{0惯} g_0 \tag{2.9}$$

这里 $m_{A惯}$ 和 $m_{0惯}$ 是两物体的惯性质量。由式(2.8)和式(2.9)可得

$$\frac{m_{A引}}{m_{0引}} = \frac{m_{A惯} g_A}{m_{0惯} g_0} \tag{2.10}$$

实验已经证明,任何时刻,在地球上的任何同一地点,所有自由落体都具有相同的重力加速度。于是对于任何物体 A 都有

$$\frac{m_{A引}}{m_{0引}} = \frac{m_{A惯}}{m_{0惯}} \tag{2.11}$$

令 $m_{0引} = m_{0惯}$,则有

$$m_{A引} = m_{A惯} \tag{2.12}$$

即引力质量和惯性质量是相等的。惯性质量和引力质量相等是爱因斯坦创建广义相对论的重要依据之一,广义相对论的成功也证实两质量确实相等。

2.5 几种典型的非惯性系与惯性力

牛顿第一、第二定律只有在惯性系中才成立,而在实际生活中常常会遇到非惯性系,如加速的汽车、转动的圆盘等,即相对惯性系作变速运动的参考系。在此类参考系中,牛顿第一、第二定律不再成立,如果仍然希望用牛顿运动定律解决力学问题,则必须引入一种作用于物体上的虚拟力——惯性力。下面分几种情况讨论。

2.5.1 平动加速参考系

平动加速参考系是指该参考系相对于惯性系作变速运动,但坐标轴没有转动。如图 2.3 所示,设 S 系为惯性系,S'系相对于 S 系以加速度$\vec{a}_0$ 平动,为非惯性系。质量为 m 的质点在力$\vec{F}$作用下运动,在 S 系中的加速度为$\vec{a}$,在 S'系中的加速度为$\vec{a}'$,则有关系式

$$\vec{F} = m\vec{a}$$

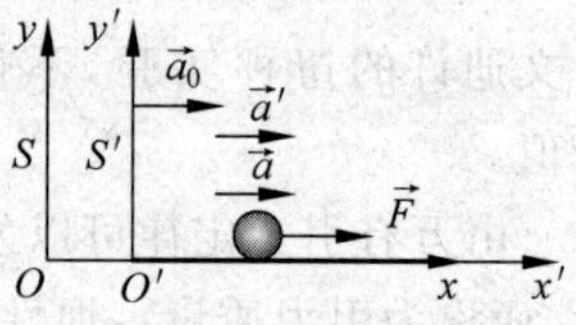

图 2.3 平动加速参考系

加速度之间的关系满足

$$\vec{a} = \vec{a}' + \vec{a}_0$$

将此式代入上式得

$$\vec{F} = m(\vec{a}' + \vec{a}_0) = m\vec{a}' + m\vec{a}_0 \tag{2.13}$$

此式可变形为

$$m\vec{a}' = \vec{F} + (-m\vec{a}_0) = \vec{F} + \vec{F}_i \tag{2.14}$$

式(2.14)说明在 S' 系中质点 m 所受的力除 $\vec{F}$ 外还有 $\vec{F}_i$，$\vec{F}_i$ 虽然并不真实存在，但是引入后就可以在非惯性系 S' 中形式上应用牛顿第二定律了，我们称 $\vec{F}_i$ 为惯性力，数学上表示为

$$\vec{F}_i = -m\vec{a}_0 \tag{2.15}$$

惯性力的方向与非惯性系相对于惯性系的平动加速度相反。惯性力实际上是物体的惯性在非惯性系中的表现，它没有施力物体，没有反作用力，不是物体间的相互作用，与我们真实生活中的力不相同，所以我们称其为虚拟力。然而在非惯性系中，我们可以明显地观察到或感受到惯性力的作用效果，而且惯性力是可以用测力器测出来的，从这个意义上说，惯性力又像是真实力。

例 2.3　能否利用一弹簧振子(劲度系数 k，小球质量 m)测量汽车的加速度？

解　可以。假设汽车在水平面内运动，首先找一光滑水平面，使弹簧振子可以在水平面内自由振动。当汽车相对于地面参考系以 $\vec{a}_0$ 加速行驶时，在汽车这一非惯性系中，小球在水平面内受到一惯性力 $F=-ma_0$，使得弹簧产生一形变量 x，此时小球同时受到惯性力和弹性力的作用，当两力平衡时满足

$$-ma_0 = kx$$

若已知弹簧原长，就可根据其伸长量 x 测出汽车加速度了。

例 2.4　升降机的竖直墙壁上用细线悬挂着一小球，给小球一个初速度使其紧贴墙壁在竖直面内摆动，如图 2.4 所示。

(1) 当小球恰好摆到最高处时升降机开始自由下落，问在升降机内观察小球将作何种运动？

(2) 若电梯开始自由下落时小球恰好在平衡位置处呢？设墙壁光滑。

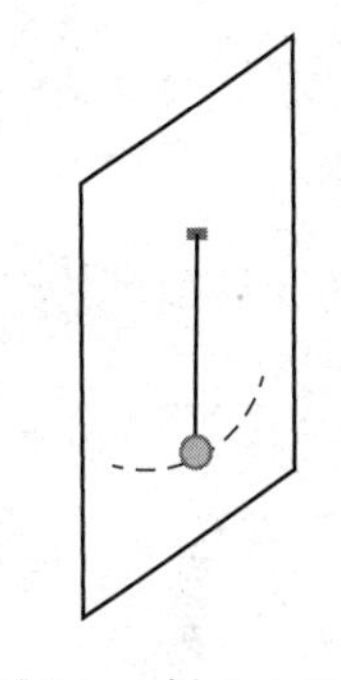

图 2.4　例 2.4 用图

解　(1) 当小球恰好摆到最高处时，小球静止不动，由于速度为零，小球所受绳的拉力也为零，作用到小球上的合外力为小球所受重力。此时升降机开始自由下落，除受到重力外，小球还受到一惯性力的作用，此惯性力与重力大小相等而方向相反，所以在升降机自由下落过程中，小球将保持静止状态。

(2) 若电梯开始自由下落时小球恰好在平衡位置处，则小球所受合力为绳子的拉力，且与运动方向垂直，则小球将以平衡位置处的速率为初始速率作匀速圆周运动。

2.5.2　转动参考系

相对惯性系转动的参考系也是典型的非惯性系。在转动参考系中，我们分物体相对于参考系静止和相对于参考系运动两种情况讨论。

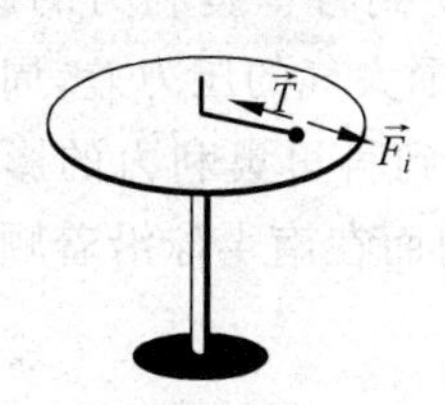

图 2.5　转动参考系中的物块

如图 2.5 所示，一根细绳一端系一质量为 m 的小球，另一端系于光滑水平桌面中央的竖直轴上，若小球以角速度 ω 绕竖直轴转动，在地面参考系中观察，小球作半径为 r 的匀速圆周运动，绳的拉力提供向心力，满足

$$\vec{T} = -m\omega^2\vec{r}$$

其中 $\vec{r}$ 为沿半径向外的单位矢量。

如果在圆盘参考系中观察，小球虽然受到绳的拉力，但却静止不动，违反牛顿第二定律。如果仍要用牛顿第二定律描述小球的运动，则须引入惯性力 $\vec{F}$，它与小球所受拉力平衡，即

$$\vec{F}' = m\omega^2 \vec{r} \tag{2.16}$$

这个惯性力与$\vec{r}$方向相同,沿半径向外,故称为惯性离心力,简称离心力。需要注意的是,虽然离心力和向心力大小相等而方向相反,但它们不是作用、反作用力,因为二者都作用到同一物体上。与平动加速系相同,离心力依然是物体的惯性在非惯性系中的表现,是虚拟力。

在转动参考系中运动的物体,所受惯性力不再只包括沿半径方向的离心力,还受到一种叫做科里奥利力的惯性力。科里奥利力是法国气象学家科里奥利于 1835 年为了描述旋转体系的运动而引入的。引入科里奥利力之后,大大简化了旋转参考系中对运动物体的处理方式。

为了突出科里奥利力,问题可以简述如下,一转台以角速度$\vec{\omega}$匀速转动($\vec{\omega}$的大小为角速度 ω,方向沿转轴,且与转动方向满足右手螺旋关系),一小球沿光滑转台中心向台边作匀速直线运动,速度为$\vec{v}'$,则在惯性系中看,小球在转台上并不沿着半径运动,而是向一侧偏转,如图 2.6 所示。由此可知小球受到了侧向力$\vec{F}$,可以证明这一侧向力$\vec{F}=2m\vec{\omega}\times\vec{v}'$,这是一个真实的力。又因为在非惯性系转台中,小球没有加速度,所以

$$\vec{F} + \vec{F}_i = 0$$

$$\vec{F}_i = -\vec{F} = -2m\vec{\omega}\times\vec{v}' \tag{2.17}$$

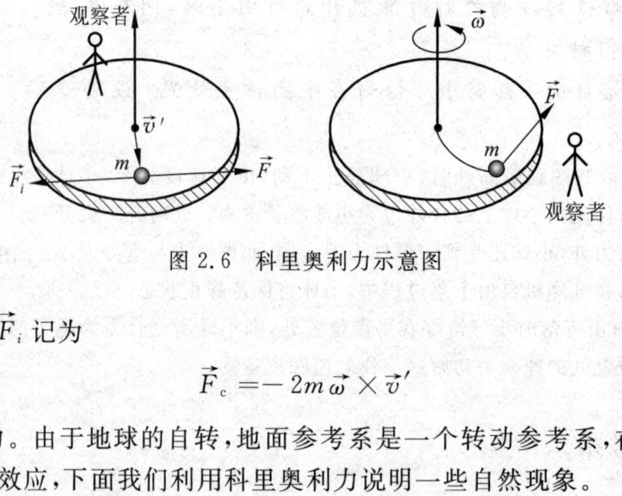

图 2.6 科里奥利力示意图

我们将惯性力$\vec{F}_i$ 记为

$$\vec{F}_c = -2m\vec{\omega}\times\vec{v}'$$

$\vec{F}_c$ 称为科里奥利力。由于地球的自转,地面参考系是一个转动参考系,在地面参考系中就能观察到科里奥利效应,下面我们利用科里奥利力说明一些自然现象。

1. 热带气旋

热带气旋(北太平洋上出现的热带气旋称为台风)的形成也是受到科里奥利力的影响。如图 2.7 所示,驱动热带气旋运动的原动力是一个低气压中心与周围大气的压力差,周围大气中的空气在压力差的驱动下向低气压中心定向移动,这种移动受到科里奥利力的影响而发生偏转,从而形成旋转的气流,这种旋转在北半球沿着逆时针方向而在南半球沿着顺时针方向,由于旋转的作用,低气压中心得以长时间保持。

2. 落体偏东

物体从高处自由下落,由于地球的自转,所受科里奥利力的方向不论在南半球还是北半球均向东,如图 2.8 所示。在地面参考系中看,在物体下落过程中,不断受一向东的科里奥利力的作用,因此使落点偏东。赤道上这一效应最大,两极没有此效应。

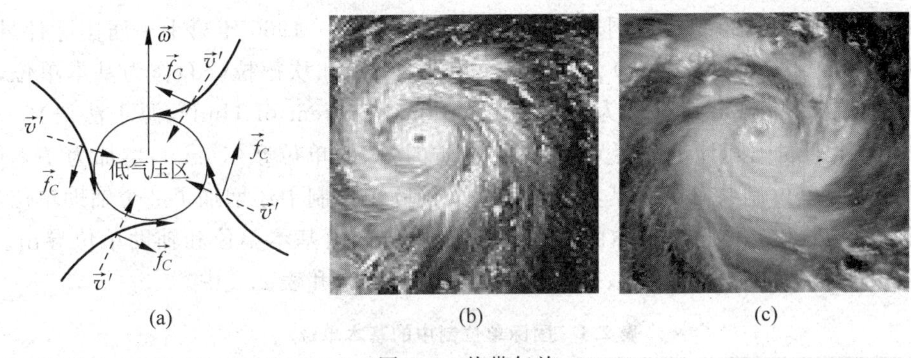

图 2.7　热带气旋

(a) 北半球热带风暴形成的原因；(b) 北半球热带风暴沿逆时针方向；(c) 南半球热带风暴沿顺时针方向

3. 傅科摆

摆动可以看作一种往复的直线运动，在地球上的摆动会受到地球自转的影响。只要摆面方向与地球自转的角速度方向存在一定的夹角，摆面就会受到科里奥利力的影响，而产生一个与地球自转方向相反的扭矩，从而使得摆面发生转动。1851 年法国物理学家傅科预言了这种现象的存在，并且以实验证明了这种现象。他用一根长 67m 的钢丝绳和一枚 27kg 的金属球组成一个单摆，在摆垂下镶嵌了一个指针，将这个巨大的单摆悬挂在教堂穹顶之上，如图 2.9 所示。实验证实了在北半球摆面会缓缓向右旋转(傅科摆随地球自转)。由于傅科首先提出并完成了这一实验，因而实验被命名为傅科摆实验。

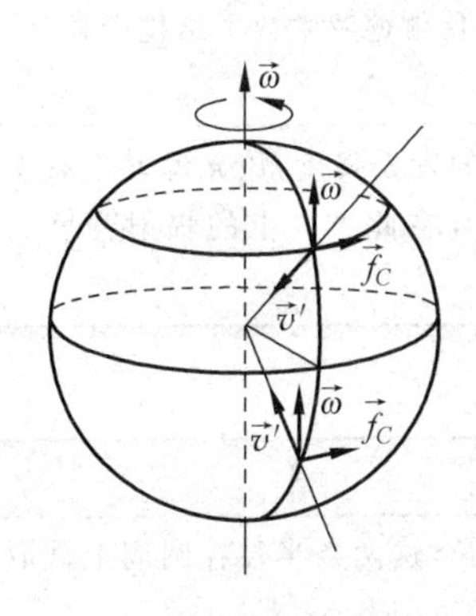

图 2.8　落体偏东示意图

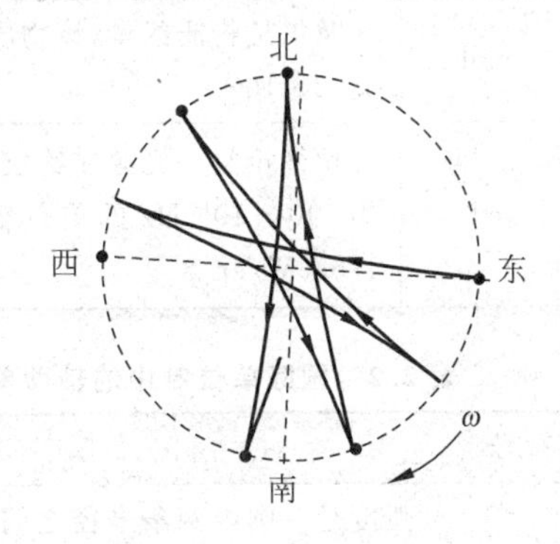

图 2.9　1851 年傅科在巴黎(北半球)的一个大厅里悬挂摆长 67m 的摆，发现摆动平面每小时沿顺时针方向转过 11°15′

地球北半球河流右岸比较陡峭，南半球左岸比较陡峭，也是多年来水流受科里奥利力的结果。

2.6　国际单位制与量纲

2.6.1　国际单位制

1948 年召开的第九届国际计量大会作出决定，要求国际计量委员会创立一种简单而科学的、供所有米制公约组织成员国均能使用的实用单位制。1960 年第十一届国际计量大会决定采用米(m)、千克(kg)、秒(s)、安培(A)、开尔文(K)和坎德拉(cd)作为基本单位,命名为"国际单位制",并规定其符号为"SI(International System of Units,源于法语)"。以后 1974 年的第十四届国际计量大会又决定将"物质的量"的单位摩尔(mol)增加为基本单位。因此,目前国际单位制共有 7 个基本单位。另外国际单位制中还增加了 2 个辅助单位,平面角单位弧度(rad)和立体角单位球面度(sr),其他单位都由基本单位和辅助单位导出。7 个基本单位和 2 个辅助单位的名称、符号和定义列于表 2.1 和表 2.2 中。

表 2.1 国际单位制中的基本单位

量的名称	单位名称	单位符号	定义
长度	米	m	米是光在真空中,在 1/299 792 458s 时间间隔内所行进路径的长度
质量	千克(公斤)	kg	千克等于国际千克原器的质量
时间	秒	s	秒是以铯-133 原子基态的两个超精细能级间跃迁辐射的 9 192 631 770 个周期的持续时间
电流	安[培]	A	安培是一恒定电流,若保持在处于真空中相距 1m 的两无限长,而圆截面可忽略的平行直导线内,则两导线之间产生的力在每米长度上等于 2×10^{-7} N
热力学温度	开[尔文]	K	开尔文等于水三相点温度的 1/273.16
物质的量	摩[尔]	mol	摩尔是物质的量,该物质含有阿伏伽德罗常数个结构微粒(约 6.02×10^{23})
发光强度	坎[德拉]	cd	坎德拉是一光源在给定方向上的发光强度,该光源发出频率为 540×10^{12} Hz 的单色辐射,而且在此方向上的辐射强度为 1/683W/sr

表 2.2 国际单位制中的辅助单位

量的名称	单位名称	单位符号	定义
平面角	弧度	rad	弧度是一圆内两条半径之间的平面角,这两条半径在圆周上截取的弧长与半径相等
立体角	球面度	sr	球面角是一立体角,其顶点位于球心,而它在球面上所截取的面积等于以球半径为边长的正方形面积

2.6.2 量纲

基本物理单位是基本物理量的度量单位,例如质量的单位是千克、时间的单位是秒等等,这些单位反映物理现象的量,而物理现象或物理量的度量,叫做量纲。在国际单位制(SI)中,七个基本物理量长度、质量、时间、电流、热力学温度、物质的量、发光强度的量纲符号分别是 L、M、T、I、Θ、N 和 J。基本量纲彼此独立,不能互相导出,是人为设定的,而导出量的量纲,要由基本量纲导出。将一个物理导出量用若干个基本量的乘方之积表示出来的表达式，称为该物理量的量纲式。对于任意一个物理量 A，都可以写出下列量纲式：

$$\dim A = [A] = L^{\alpha}M^{\beta}T^{\gamma}I^{\delta}\Theta^{\epsilon}N^{\xi}J^{\eta} \tag{2.18}$$

其中，α、β、γ、δ、ϵ、ξ、η 为量纲指数，如

速度 $\vec{v}=\mathrm{d}\vec{r}/\mathrm{d}t$ 的量纲为　　$[v]=LT^{-1}$

加速度 $\vec{a}=\mathrm{d}\vec{v}/\mathrm{d}t$ 的量纲为　　$[a]=LT^{-2}$

力 $\vec{F}=m\vec{a}$ 的量纲为　　$[F]=MLT^{-2}$

功 $A=\int\vec{F}\cdot\mathrm{d}\vec{r}$ 的量纲为　　$[A]=ML^{2}T^{-2}$

量纲是物理学中的一个重要问题，可以应用它进行单位换算，也可以用它来检验公式的正确性，因为只有量纲相同的物理量才能彼此相加、相减和相等，而指数函数、对数函数和三角函数的量纲为 1，所以如果推出的公式不符合上述量纲法则，则必然是错误的。

第3章

动量与角动量

牛顿第二定律描述力对物体的瞬时作用规律，但是日常生活中，力对物体的作用往往是持续的，这个持续的作用效果可能更有意义。当一个物体发生转动时，用力矩和角动量等概念来描述物体的运动则更为方便。本章我们将学习力和力矩对时间的累积效应，对质点和质点系的动量定理和角动量定理进行研究和讨论，并得到相应的动量守恒定律和角动量守恒定律。

3.1 力的冲量与质点的动量定理

由牛顿第二定律的微分形式$\vec{F}=\frac{\mathrm{d}\vec{p}}{\mathrm{d}t}$，可得

$$\vec{F}\mathrm{d}t = \mathrm{d}\vec{p} \tag{3.1}$$

从 t_1 到 t_2 积分可得

$$\int_{t_1}^{t_2} \vec{F}\mathrm{d}t = \int_{\vec{p}_1}^{\vec{p}_2} \mathrm{d}\vec{p} = \vec{p}_2 - \vec{p}_1 \tag{3.2}$$

$\int_{t_1}^{t_2} \vec{F}\mathrm{d}t$ 表示合力$\vec{F}$（此处一般称为冲力）在 t_1 到 t_2 这段时间内的累积，称为合力的冲量，通常记作$\vec{I}$，即

$$\vec{I} = \vec{p}_2 - \vec{p}_1 \tag{3.3}$$

其中，$\vec{p}_1$ 和$\vec{p}_2$ 分别代表质点在 t_1 和 t_2 时刻的动量。式(3.3)表明，质点在 t_1 至 t_2 时间间隔内所受合力的冲量等于在这段时间间隔内该质点动量的增量。这一结论称作质点的动量定理。式(3.1)和式(3.2)分别为动量定理的微分形式和积分形式。动量定理是矢量式，可写成如下分量式形式：

$$\begin{cases} I_x = p_{2x} - p_{1x} \\ I_y = p_{2y} - p_{1y} \\ I_z = p_{2z} - p_{1z} \end{cases} \tag{3.4}$$

动量定理是由牛顿第二定律导出的，其适用范围也仅限于惯性系。

用动量定理解决问题的优越性在于，我们不必关注质点在整个过程中所受合力的变化细节，只要力的冲量相同就会产生相同的动量的增量。这在解决合力随时间剧烈变化的问

题，如碰撞问题时非常方便。此时，常引入平均力的概念

$$\bar{\vec{F}} = \frac{\int_{t_1}^{t_2} \vec{F} \mathrm{d}t}{t_2 - t_1} = \frac{\vec{p}_2 - \vec{p}_1}{t_2 - t_1} \tag{3.5}$$

$\bar{\vec{F}}$即平均力。式(3.5)表明，作用在质点上的平均力等于质点动量的增量与力的作用时间之比。

例3.1　铁匠打铁时将铁锤抬起到 $h_1=1.0\text{m}$ 的高度后让其自由落下，铁锤与铁砧上的工件碰撞后弹起到 $h_2=5.0\text{cm}$ 高度处。铁锤质量 $m=5.0\text{kg}$，作用时间为 $\Delta t=0.02\text{s}$，求重锤对工件的平均作用力。

解　设竖直向上为正方向，此问题为一维问题，可简单地用正、负号表示其方向。根据式(3.5)知道，欲求平均作用力，必须先求得始、末状态的动量差，碰撞过程初始时刻的动量即铁锤质量与其从高度 h_1 处自由下落的末速度的乘积

$$p_1 = -m\sqrt{2gh_1}$$

碰撞后的动量即铁锤质量与铁锤弹起到 h_2 高度的初速度的乘积

$$p_2 = m\sqrt{2gh_2}$$

铁锤对工件的平均冲力与工件对铁锤的作用力是一对作用、反作用力，用$\bar{f}'$表示工件对铁锤的平均作用力，有

$$\bar{f}' = \frac{p_2 - p_1}{\Delta t} = \frac{m\sqrt{2g}(\sqrt{h_2} + \sqrt{h_1})}{\Delta t} = \frac{5.0 \times \sqrt{2 \times 9.8} \times (\sqrt{0.05} + \sqrt{1.0})}{0.02} = 1.35 \times 10^3\,\text{N}$$

则铁锤对工件的平均冲力$\bar{f}$为

$$\bar{f} = -\bar{f}' = -1.35 \times 10^3\,\text{N}$$

其中包括铁锤重力 $mg=-49\text{N}$，与冲力相比，重力为一可忽略的小量。通常在处理这类碰撞问题时，往往忽略重力的作用。

例3.2　力$\vec{F}=12t^2\vec{i}$作用在质量 $m=1.0\text{kg}$ 的物体上，使之从静止开始运动，求物体在2s末的动量。

解　由动量定理，有

$$\int_{t_1}^{t_2} \vec{F} \mathrm{d}t = \vec{p}_2 - \vec{p}_1 = \vec{p}_2$$

代入力的表达式有

$$\vec{p}_2 = \int_0^2 12t^2 \vec{i} \mathrm{d}t = 4t^3 \Big|_0^2 \vec{i} = 32\vec{i}\,\text{kg} \cdot \text{m/s}$$

例3.3　一人用力$\vec{F}=12\vec{i}\,\text{N}$持续推一放置在水平面上的木箱2s，但木箱没被推动，请问此力的冲量是多少？既然作用到木箱上的力的冲量不为零，为什么木箱的动量没有变化呢？

解　力的冲量为

$$\vec{I} = \vec{F} \times \Delta t = 24\vec{i}\,\text{N} \cdot \text{s}$$

质点的动量定理是对质点所受合力而言的，这里作用到木箱上的力$\vec{F}=12\vec{i}\,\text{N}$不是合力，其与地面作用到木箱上的摩擦力大小相等而方向相反，故木箱所受合力为零，所以动量不会改变。

3.2　质点系的动量定理与动量守恒定律

在一个问题中，如果我们的研究对象包含 N 个相互作用的质点，则这 N 个质点所组成的系统称为质点系。质点系内质点之间的相互作用叫做内力，质点系外物体对系统内质点

的作用力称为外力。现在我们就来讨论质点系的动量定理。

3.2.1 质点系的动量定理

N个质点组成的质点系如图3.1所示,其中m_i、m_j分别为第i、j两个质点的质量,$\vec{F}_i$、$\vec{F}_j$分别为第i、j两个质点所受的合外力,$\vec{f}_{ij}$、$\vec{f}_{ji}$分别为第i、j两个质点之间相互作用的内力,它们互为作用力反作用力,是一对力,$\vec{f}_{ij}=-\vec{f}_{ji}$。

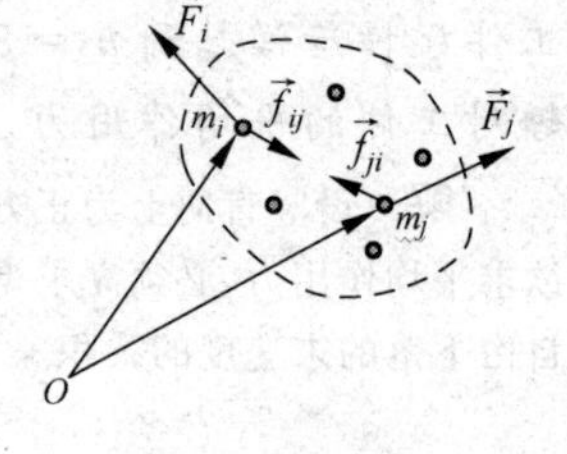

图3.1 质点系

对第i个质点应用动量定理有

$$\vec{F}_i+\sum_{j(j\neq i)}\vec{f}_{ij}=\frac{\mathrm{d}\vec{p}_i}{\mathrm{d}t} \tag{3.6}$$

其中$\sum\limits_{j(j\neq i)}\vec{f}_{ij}$是质点系中其他质点作用到第$i$个质点上的合内力。

对式(3.6)中的下标求和,有

$$\sum_i\vec{F}_i+\sum_{i,j(j\neq i)}\vec{f}_{ji}=\frac{\mathrm{d}}{\mathrm{d}t}\sum_i\vec{p}_i \tag{3.7}$$

在质点系中内力总是成对出现的,因此

$$\sum_{i,j(j\neq i)}\vec{f}_{ji}=\vec{f}_{12}+\vec{f}_{21}+\vec{f}_{13}+\vec{f}_{31}+\cdots=0$$

$\sum\limits_i\vec{F}_i$为质点系所受合外力,记为$\vec{F}_{\text{ext}}$;$\sum\limits_i\vec{p}_i$为质点系的总动量,用$\vec{p}$表示,则式(3.7)可表示为

$$\vec{F}_{\text{ext}}\mathrm{d}t=\mathrm{d}\vec{p} \tag{3.8}$$

式(3.8)就为质点系的动量定理,它表明,在惯性系中,质点系所受的合外力$\vec{F}_{\text{ext}}$在$\mathrm{d}t$时间内的积累等于该系统的总动量的增量$\mathrm{d}\vec{p}$,该式是质点系动量定理的微分形式。若求质点系所受的合外力在一段时间($t_1\sim t_2$)内积累所引起的系统总动量的变化,只需对式(3.8)积分,即可得质点系动量定理的积分形式

$$\int_{t_1}^{t_2}\vec{F}_{\text{ext}}\mathrm{d}t=\vec{p}_2-\vec{p}_1 \tag{3.9}$$

需要注意的是对于质点来说,$\int_{t_1}^{t_2}\vec{F}_{\text{ext}}\mathrm{d}t$表示合力的冲量。内力不改变系统的总动量。

3.2.2 质点系的动量守恒定律

如果式(3.8)中的合外力$\vec{F}_{\text{ext}}$为零,则

$$\mathrm{d}\vec{p}=0,\quad \vec{p}=\text{常矢量} \tag{3.10}$$

上式表明,当一个质点系所受合外力为零时,其总动量保持不变。这一结论称作动量守恒定律。它只适用于惯性系。如果作用于质点系的合外力不为零,但沿某一方向的分量为零,则质点系在该方向的动量守恒。

要特别注意：动量守恒定律是由牛顿第二定律推导出来的，但不能认为它就是牛顿定律的推论。实际上动量守恒定律是自然界普适的定律之一。

动量守恒定律满足的条件是质点系所受合外力为零，但当外力远远小于内力的情况下，且经历时间很短时，外力对系统的冲量很小，引起的动量变化也很小，这时可以认为近似满足动量守恒条件。我们常见的烟花在空中炸开时呈现球形就是动量近似守恒的实例。烟花升到空中，速度越来越小，达到最高点时速度为零。此时烟花只受重力作用，若此时发生爆炸，由于爆炸时间很短，且爆炸的内力远远大于其所受的外力，即重力，所以近似满足动量守恒条件。其初动量为零，则炸开的烟花必须成辐射状散开才满足动量之和为零，所以烟花呈球形。

一个不受外界影响的孤立系统的总动量一定守恒。

例 3.4　如图 3.2 所示，一火箭在外层高空水平飞行，开始时质量为 m_1，速度为 v_1。由于火箭不断地向外喷射气体而加速，到燃料烧尽时其质量为 m_2，速度为 v_2。试求火箭速度与质量的关系。

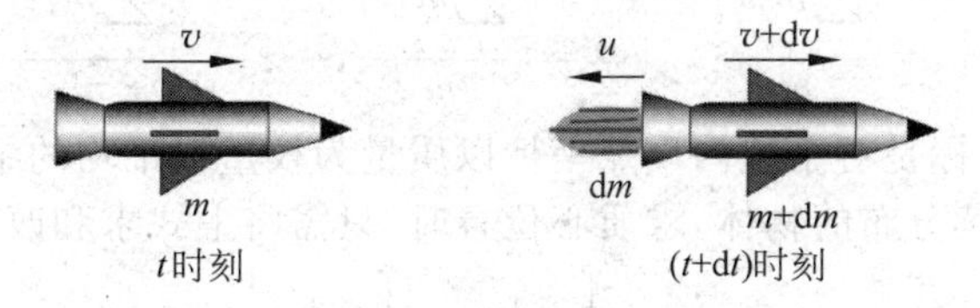

图 3.2　例 3.4 用图

解　因为火箭在外层高空水平飞行，其所受空气阻力和重力都可忽略不计。设 t 时刻火箭的质量为 m，速度为 v，在 $\mathrm{d}t$ 时间内火箭喷出的气体质量为 $\mathrm{d}m$，设燃气相对于火箭的喷射速度 u 为一常矢量，则根据动量守恒，有

$$\mathrm{d}m(-u+v+\mathrm{d}v)+(m-\mathrm{d}m)(v+\mathrm{d}v)=mv$$

整理上式且忽略二阶小量 $\mathrm{d}m\mathrm{d}v$，可得

$$\mathrm{d}v=-u\frac{\mathrm{d}m}{m}$$

对上式积分可得

$$\int_{v_1}^{v_2}\mathrm{d}v=-u\int_{m_1}^{m_2}\frac{\mathrm{d}m}{m}$$

即

$$v_2-v_1=-u\ln\frac{m_2}{m_1}=u\ln\frac{m_1}{m_2}$$

此式表示火箭的质量由 m_1 减小至 m_2 时，其速度由 v_1 增加至 v_2。上式表明要想提高火箭的飞行速度，一种方法是提高燃气相对于火箭的喷射速度，另一种方法是提高火箭携带燃料与自身的质量比。

3.3　质心与质心运动定理

一位跳水运动员从跳台起跳后，身体在空中将不断作出复杂的屈体旋转的动作，如图 3.3 所示。但仔细观察，我们会发现，运动员身上有一个特殊点，它的运动轨迹是一条抛物线。这个特殊点就是运动员的质量中心，简称质心。长柄手榴弹在士兵投掷后，弹体绕质心作旋转运动，而质心作的是抛体运动。在研究多个质点组成的系统时，质心是个很重要的概念。

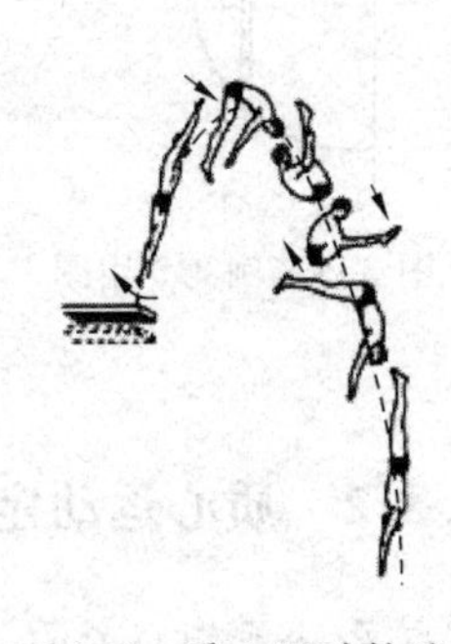

图 3.3　质心运动轨迹

3.3.1 质心

设一个质点系由 N 个质点组成,各质点的质量分别为 m_1、m_2、…、m_N,相对坐标原点的位矢分别为 $\vec{r}_1$、$\vec{r}_2$、…、$\vec{r}_N$,如图 3.4 所示,则质心位矢的定义为

$$\vec{r}_C = \frac{\sum_i m_i \vec{r}_i}{\sum_i m_i} \tag{3.11}$$

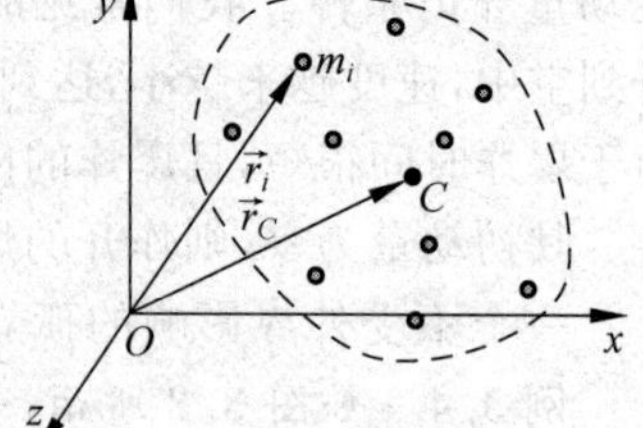

图 3.4 质心的位置矢量

其中 $m = \sum_i m_i$ 为质点系的总质量。将质心位矢在直角坐标系中写成分量形式为

$$x_C = \frac{\sum_i m_i x_i}{m}, \quad y_C = \frac{\sum_i m_i y_i}{m}, \quad z_C = \frac{\sum_i m_i z_i}{m} \tag{3.12}$$

由此可以看出,质心坐标是对系统内质点坐标以质量为权重取平均的结果。

对于一个质量连续分布的物体,求质心位置时,只需将上式求和改成积分运算即可,即

$$\vec{r}_C = \frac{\int \vec{r}\,\mathrm{d}m}{\int \mathrm{d}m} = \frac{\int \vec{r}\,\mathrm{d}m}{m} \tag{3.13}$$

其在直角坐标系中的分量形式为

$$x_C = \frac{\int x\mathrm{d}m}{m}, \quad y_C = \frac{\int y\mathrm{d}m}{m}, \quad z_C = \frac{\int z\mathrm{d}m}{m} \tag{3.14}$$

对于质心需要注意以下两点:

(1) 质心的位置不依赖于坐标系的选取。

(2) 质心不同于重心,不能把二者混为一谈。如果一个物体初速度为零,一个通过质心的力作用到该物体上,则该物体只作平动,不会发生转动,就好像物体的质量全部集中在质心上一样。一个物体的重心是地球对物体各部分引力的合力的作用点。两者定义不同,物体的重心和质心的位置也不一定重合。

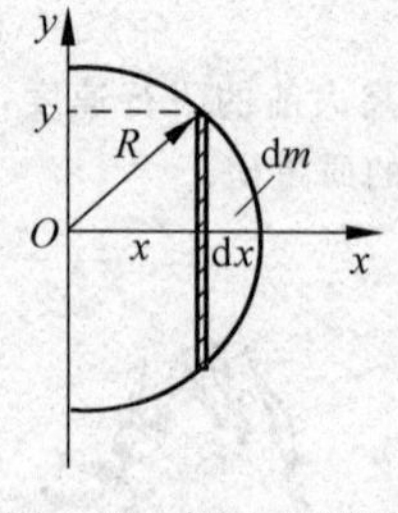

图 3.5 例 3.5 用图

例 3.5 求半圆形均匀薄板的质心。

解 因为薄板均匀,由对称性分析可知质心一定在 x 轴上,设薄板质量为 m,半径为 R,如图 3.5 所示。选取 x 到 $x+\mathrm{d}x$ 的小窄条为微元,其质量 $\mathrm{d}m$ 可写为

$$\mathrm{d}m = \frac{m}{\pi R^2/2} \cdot 2\sqrt{R^2 - x^2}\,\mathrm{d}x$$

则质心坐标 x_C 为

$$x_C = \frac{1}{m}\int x\mathrm{d}m = \frac{1}{m}\int_0^R x \cdot \frac{m}{\pi R^2/2} \cdot 2\sqrt{R^2 - x^2}\,\mathrm{d}x = \frac{4R}{3\pi}$$

即质心在 $\left(\frac{4R}{3\pi}, 0\right)$ 点处。

3.3.2 质心运动定理

将式(3.11)对时间求导数可得质心的运动速度

$$\vec{v}_C = \frac{\mathrm{d}\,\vec{r}_C}{\mathrm{d}t} = \frac{\sum_i m_i \frac{\mathrm{d}\,\vec{r}_i}{\mathrm{d}t}}{m} = \frac{\sum_i m_i \vec{v}_i}{m} \tag{3.15}$$

则

$$\vec{p} = m\vec{v}_C = \sum_i m_i \vec{v}_i \tag{3.16}$$

其中$\vec{p}$为质点系的总动量，它等于质点系的总质量与其质心速度的乘积。将上式再对时间求导数，可得

$$\frac{\mathrm{d}\,\vec{p}}{\mathrm{d}t} = m\frac{\mathrm{d}\,\vec{v}_C}{\mathrm{d}t} = m\vec{a}_C$$

上式中$\vec{a}_C$即质点系质心的加速度。根据牛顿第二定律，可得

$$\vec{F} = \frac{\mathrm{d}\,\vec{p}}{\mathrm{d}t} = m\vec{a}_C \tag{3.17}$$

该式称为质心运动定理。它表明，一个质点系质心的运动相当于一个质点的运动，该质点的质量等于质点系的总质量，所受的力是作用于质点系的合外力，内力不影响质心的运动。

例 3.6　一滑块置于光滑水平面上，滑块质量为 M，其上有一半径为 R 的 $\frac{1}{4}$ 圆弧，如图 3.6 所示。t_1 时刻质量为 m 的小球静止于圆弧的最高点，之后开始下滑，t_2 时刻滑到圆弧的最低点，求 t_1 到 t_2 这段时间内滑块移动的距离 S。

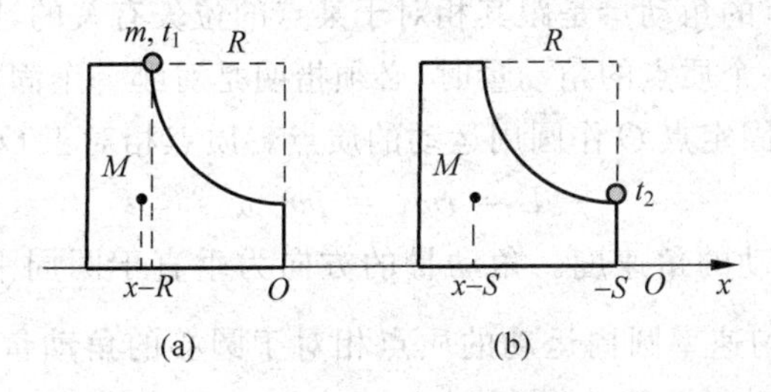

图 3.6　例 3.6 用图

解　建立坐标系如图 3.6 所示，选 M 和 m 组成的系统为研究对象，系统在水平方向的合外力为零，则质心在 x 轴方向静止不动。设 t_1 时刻滑块和小球的质心在水平方向的坐标分别为 x 和 $-R$，t_2 时刻两坐标分别为 $x-S$ 和 $-S$，则 t_1 时刻系统的质心在水平方向的坐标为

$$x_1 = \frac{Mx - mR}{M+m}$$

t_1 时刻系统的质心在水平方向的坐标为

$$x_2 = \frac{M(x-S) - mS}{M+m}$$

因为水平方向上系统的质心静止不动，所以一定有 $x_1 = x_2$，解出滑块移动的距离 S 为

$$S = \frac{m}{M+m}R$$

由本题的解题过程可以看出，系统内各质点的运动可能很复杂，但是质心的运动相对简单，只由作用在系统上的合外力决定。质心在系统中处于重要地位，它的运动描述了系统整体的运动趋势。质心是质点系平动特征的代表点。

3.4 质点的角动量与角动量定理

前面我们用动量来描述质点的运动，但有些时候用动量描述质点的运动并不方便，例如作匀速圆周运动的小球，由于其速度方向时刻在改变，其动量也时刻在改变，但其相对于圆心的运动方式却是恒定不变的，这里引入一个新的物理量——角动量来描述小球的运动。

3.4.1 质点的角动量

如图 3.7 所示，一个动量为$\vec{p}=m\vec{v}$的质点相对于惯性参照系中某一固定点 O 的角动量定义为

$$\vec{L}=\vec{r}\times\vec{p}=\vec{r}\times m\vec{v} \tag{3.18}$$

式中，$\vec{r}$是质点相对于固定点的位矢。根据矢积的定义，角动量的大小可表示为

$$L=rp\sin\theta=rmv\sin\theta$$

θ 为位矢$\vec{r}$与质点动量$\vec{p}$之间小于 180°的夹角。角动量矢量垂直于由$\vec{r}$和$\vec{p}$确定的平面，方向可由右手螺旋定则确定：右手四指由$\vec{r}$经小于 180°的角转向$\vec{p}$，则与四指垂直的拇指的指向即是角动量$\vec{L}$的方向。

式(3.18)说明，质点的角动量是跟其相对于某点的位矢有关的，因而取决于固定点位置的选择。因此，在说明一个质点的角动量时，必须指明是对哪一个固定点而说的。

图 3.8 所示为一绕固定点 O 作圆周运动的质点。质点相对于 O 点的角动量大小为

$$L=rmv=mr^2\omega \tag{3.19}$$

式中 ω 为质点作圆周运动的角速度。角动量的方向为垂直于圆周平面向上。如果 ω 为常量，则$\vec{L}$为常矢量，即作匀速率圆周运动的质点相对于圆心的角动量不变。相比之下，用角动量描述圆周运动比用动量要简单得多。

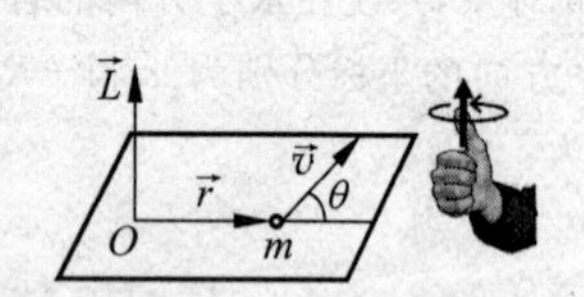

图 3.7 质点相对于固定点的角动量

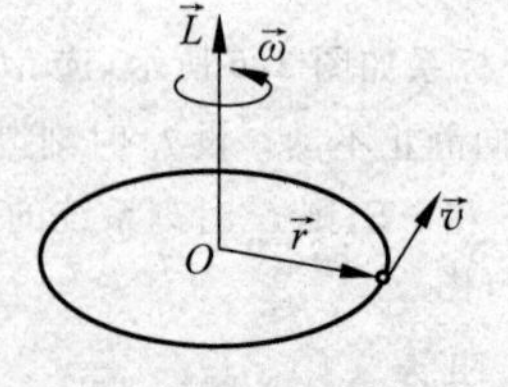

图 3.8 作圆周运动的质点相对于圆心的角动量

例 3.7 一动量为$\vec{p}=m\vec{v}$的质点作匀速直线运动，如图 3.9 所示，请给出质点相对于 O 点和 O'点的角动量。

解 相对于 O 点，质点的位矢$\vec{r}$与质点动量$\vec{P}$之间的夹角为零，所以角动量也为零。

相对于 O'点，质点角动量的大小为

$$L=rmv\sin\theta=mvd$$

方向垂直于纸面向里，即⊗。

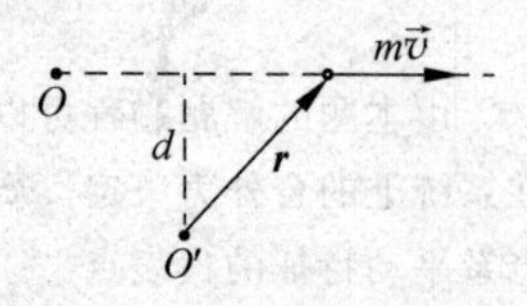

图 3.9 例 3.7 用图

3.4.2　力矩　角冲量和质点的角动量定理

在惯性系中，质点的动量定理给出质点动量对时间的变化率是由质点所受合外力决定的，那么，导致角动量的变化将会是什么因素呢？我们将质点角动量对时间求导数后，可得

$$\frac{\mathrm{d}\vec{L}}{\mathrm{d}t}=\frac{\mathrm{d}}{\mathrm{d}t}(\vec{r}\times\vec{p})=\vec{r}\times\frac{\mathrm{d}\vec{p}}{\mathrm{d}t}+\frac{\mathrm{d}\vec{r}}{\mathrm{d}t}\times\vec{p}$$

式中$\frac{\mathrm{d}\vec{r}}{\mathrm{d}t}\times\vec{p}=\vec{v}\times m\vec{v}=0$，所以

$$\frac{\mathrm{d}\vec{L}}{\mathrm{d}t}=\vec{r}\times\frac{\mathrm{d}\vec{p}}{\mathrm{d}t}=\vec{r}\times\vec{F}\tag{3.20}$$

上式中$\vec{r}\times\vec{F}$为合外力对固定点的力矩，以$\vec{M}$表示，即

$$\vec{M}=\vec{r}\times\vec{F}\tag{3.21}$$

因此，式(3.20)可以写成

$$\vec{M}\mathrm{d}t=\mathrm{d}\vec{L}\tag{3.22}$$

这是质点角动量定理的微分形式。其物理意义是：作用于质点上的力矩对时间的积累，一般称为角冲量或冲量矩，等于这段时间内质点角动量的增量；式(3.22)还可以写为$\vec{M}=\frac{\mathrm{d}\vec{L}}{\mathrm{d}t}$，其意义还可理解为质点对任一固定点的角动量随时间的变化率，等于该质点所受合力对该固定点的力矩。

图3.10为力矩示意图。力矩的方向依然可以用右手螺旋定则确定，力矩的大小可表示为

$$M=rF\sin\theta=r_{\perp}F\tag{3.23}$$

其中，$r\sin\theta=r_{\perp}$即中学所学的力臂。因为力矩与位置矢量$\vec{r}$有关，所以力矩也是对某一固定点而言的。在同一问题中，力矩$\vec{M}$和角动量$\vec{L}$是对惯性系中同一固定点定义的。

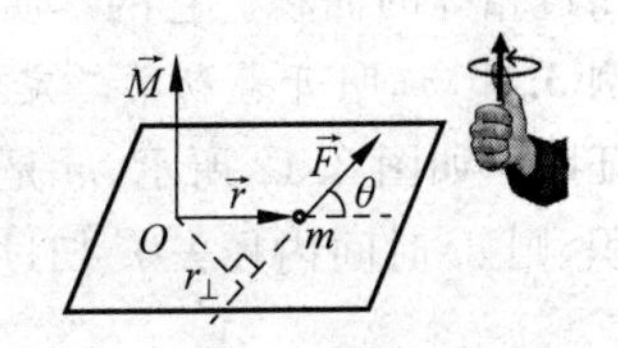

图3.10　质点相对于固定点的力矩

例3.8　如图3.11所示，$t=0$时刻质量为m的小球以初速度$v_0\vec{i}$由图中A点水平抛出，不考虑空气阻力，求任意时刻t小球所受的对原点O的力矩和角动量。

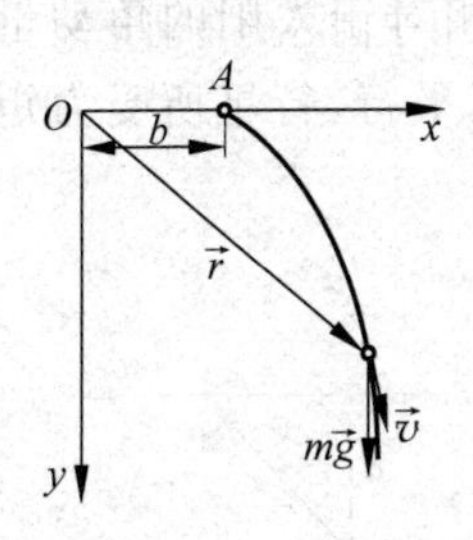

图3.11　例3.8用图

解　小球在任意时刻t的位置矢量$\vec{r}$为

$$\vec{r}=(b+v_0t)\vec{i}+\frac{1}{2}gt^2\vec{j}$$

小球只受重力$mg\vec{j}$的作用，则任意时刻t小球所受的对原点O的力矩$\vec{M}$为

$$\begin{aligned}\vec{M}&=\vec{r}\times m\vec{g}\\&=\left[(b+v_0t)\vec{i}+\frac{1}{2}gt^2\vec{j}\right]\times mg\vec{j}\\&=(b+v_0t)mg\vec{k}\end{aligned}$$

则任意时刻 t 小球对原点 O 的角动量$\vec{L}$为

$$\vec{L}=\int_0^t \vec{M}\mathrm{d}t$$

$$=\int_0^t (b+v_0 t)mg\,\vec{k}\,\mathrm{d}t$$

$$=\left(mgbt+\frac{1}{2}mgv_0t^2\right)\vec{k}$$

我们也可以根据定义直接求出小球对原点 O 的角动量

$$\vec{L}=\vec{r}\times m\vec{v}$$

$$=\left[(b+v_0t)\,\vec{i}+\frac{1}{2}gt^2\,\vec{j}\right]\times m[v_0\vec{i}+gt\vec{j}]$$

$$=\left(mgbt+\frac{1}{2}mgv_0t^2\right)\vec{k}$$

3.5 质点的角动量守恒定律

如果式(3.22)中质点所受合力矩$\vec{M}=0$,则$\dfrac{\mathrm{d}\vec{L}}{\mathrm{d}t}=0$,即

$$\vec{L}=\text{常矢量} \tag{3.24}$$

这就是说,如果质点对某一固定点所受合力矩等于零时,这个质点对该固定点的角动量保持不变。这一结论称作质点的角动量守恒定律。

在天文学中的关于行星运动的开普勒第二定律阐述的是行星对太阳的径矢在相等的时间内扫过相等的面积。它的本质是行星相对于太阳的角动量守恒,下面我们简要证明一下。

例 3.9 证明开普勒第二定律的本质是角动量守恒定律。

证明 如图 3.12 所示,m 是行星的质量,$\vec{r}$表示行星相对太阳的径矢,S 表示径矢扫过的面积,则 $\mathrm{d}t$ 时间内径矢 $\vec{r}$ 扫过的面积 $\mathrm{d}S$ 可表示为

$$\mathrm{d}S=\frac{1}{2}r\mathrm{d}r\sin\alpha=\frac{1}{2}\left|\vec{r}\times\mathrm{d}\vec{r}\right|$$

根据开普勒第二定律:行星对太阳的径矢在相等的时间内扫过相等的面积。有

$$\frac{\mathrm{d}S}{\mathrm{d}t}=\frac{1}{2}\frac{\left|\vec{r}\times\mathrm{d}\vec{r}\right|}{\mathrm{d}t}=\frac{1}{2}\left|\vec{r}\times\frac{\mathrm{d}\vec{r}}{\mathrm{d}t}\right|=\frac{1}{2m}\left|\vec{r}\times m\vec{v}\right|=\text{常数}$$

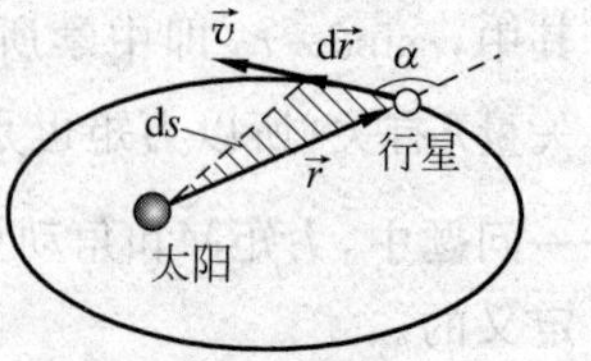

图 3.12 例 3.9 用图

由此可见,$L=\left|\vec{r}\times m\vec{v}\right|$为一常数,即开普勒第二定律本质上是行星相对于太阳的角动量守恒。这是因为行星所受太阳的引力始终与由太阳指向行星的径矢反平行,行星所受力矩始终为零,所以其角动量始终守恒。

3.6 质点系的角动量定理与角动量守恒定律

3.6.1 质点系的角动量定理

下面将质点的角动量定理推广到质点系。一个质点系对某一固定点的角动量定义为其

中各质点对该固定点的角动量的矢量和，即

$$\vec{L}=\sum_i \vec{L}_i=\sum_i \vec{r}_i\times\vec{p}_i \tag{3.25}$$

其中，$\vec{L}_i$ 为第 i 个质点相对于固定点的角动量，$\vec{r}_i$ 和 $\vec{p}_i$ 分别为第 i 个质点相对于该固定点的位矢和动量。对第 i 个质点应用角动量定理，有

$$\frac{\mathrm{d}\vec{L}_i}{\mathrm{d}t}=\vec{r}_i\times\left(\vec{F}_i+\sum_{j(i\neq j)}\vec{f}_{ij}\right)$$

如图 3.13 所示，上式中 $\vec{F}_i$ 为第 i 个质点所受质点系以外其他物体的合力，$\vec{f}_{ij}$ 为质点系中第 j 个质点对第 i 个质点的作用力，$\sum\limits_{j(i\neq j)}\vec{f}_{ij}$ 为质点系中其他所有质点对第 i 个质点的内力之和。将上式对所有质点求和可得

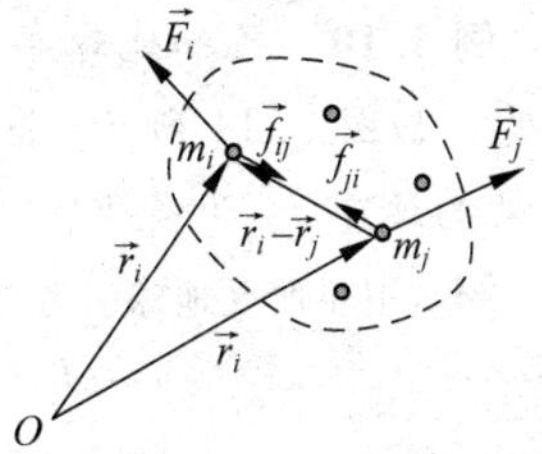

$$\begin{aligned}\frac{\mathrm{d}\vec{L}}{\mathrm{d}t}&=\frac{\mathrm{d}}{\mathrm{d}t}\sum_i\vec{L}_i\\&=\sum_i(\vec{r}_i\times\vec{F}_i)+\sum_{i,j(i\neq j)}(\vec{r}_i\times\vec{f}_{ij})\\&=\vec{M}_{\mathrm{ext}}+\vec{M}_{\mathrm{int}}\end{aligned} \tag{3.26}$$

图 3.13　质点系的角动量定理

其中，$\sum\limits_i(\vec{r}_i\times\vec{F}_i)$ 为所有质点所受外力矩的矢量和，简称合外力矩，记作 $\vec{M}_{\mathrm{ext}}$；$\sum\limits_{i,j(i\neq j)}(\vec{r}_i\times\vec{f}_{ij})$ 为所有质点间内力矩的矢量和，简称合内力矩，记作 $\vec{M}_{\mathrm{int}}$。由于内力 $\vec{f}_{ij}$ 和 $\vec{f}_{ji}$ 总是成对出现，如图 3.13 所示，且 $\vec{f}_{ij}=-\vec{f}_{ji}$，所以与之相应的内力矩也会成对出现，对第 i 和第 j 个质点，其相互作用的力矩之和为

$$\vec{r}_i\times\vec{f}_{ij}+\vec{r}_j\times\vec{f}_{ji}=(\vec{r}_i-\vec{r}_j)\times\vec{f}_{ij}=0$$

上式之所以等于零是因为 $\vec{r}_i-\vec{r}_j$ 与 $\vec{f}_{ij}$ 共线，所以任何一对内力矩的矢量和为零。于是式(3.26)可写成

$$\frac{\mathrm{d}\vec{L}}{\mathrm{d}t}=\vec{M}_{\mathrm{ext}} \tag{3.27}$$

这就是质点系的角动量定理，其意义为质点系对惯性系中任一固定点的角动量随时间的变化率等于这个质点系所受对该固定点的合外力矩。内力矩不改变系统的角动量。

3.6.2　质点系的角动量守恒定律

如果质点系所受合外力矩 $\vec{M}_{\mathrm{ext}}=0$，由式(3.27)，可得

$$\vec{L}=\text{常矢量} \tag{3.28}$$

上式即质点系的角动量守恒定律。它表明质点系相对于某一固定点所受合外力矩为零时，该质点系相对于该固定点的角动量不随时间改变。

天文学上认为星系多呈扁状盘型结构与星际物质的角动量守恒有关。1755 年，德国哲

学家、天文学家康德(Immanuel Kant,1724—1804)发表《自然通史和天体论》一书,首先提出太阳系起源于星云假说。康德认为,太阳系是由气云组成的,气云原来很大,由自身引力而收缩,最后聚集成一个个行星、卫星及太阳本身。但是万有引力为什么不能把所有的天体吸引在一起而是形成一个扁平的盘状呢?19世纪数学家拉普拉斯完善了康德的星云假说,指出旋转盘状结构的成因是角动量守恒。我们可以把天体系统看成是不受外力的孤立系统。原始气云弥漫在很大的范围内,具有一定的初始角动量$\vec{L}$,当气云收缩变小时,在垂直于$\vec{L}$的方向上速度增大,存在惯性离心力,最终达到一个平衡状态。而平行于$\vec{L}$的方向上没有这个问题,所以天体就形成了朝同一个方向旋转的盘状结构。

例 3.10 已知地球半径为 R,卫星轨道近地点 A_1 距离地面为 h_1,远地点 A_2 距离地面为 h_2。如图 3.14 所示,若卫星在 A_1 处的速率为 v_1,则卫星在 A_2 处的速率 v_2 为多少?

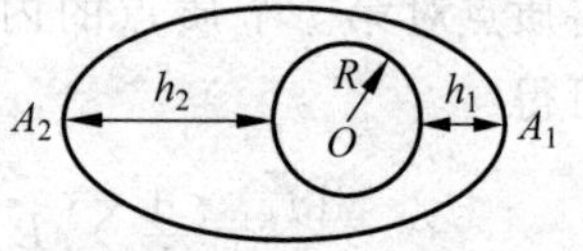

图 3.14 例 3.10 用图

解 卫星所受地球引力与两者连线始终共线,满足角动量守恒,则

$$mv_1(R+h_1)=mv_2(R+h_2)$$

即

$$v_2=\frac{R+h_1}{R+h_2}v_1$$

第4章

功　和　能

冲量是力的时间累积效应,对应物体动量的变化;功是力的空间累积效应,对应物体动能的变化。本章我们学习功、质点和质点系的动能定理、保守力、势能、功能原理与机械能守恒定律等内容。

4.1　力的功与质点的动能定理

4.1.1　功

一质点在力$\vec{F}$的作用下,移动一段无限小的位移 d$\vec{r}$(元位移),如图 4.1 所示,$\vec{F}$与 d$\vec{r}$的标量积则定义为力对质点做的功 dA,即

$$\mathrm{d}A=\vec{F}\cdot\mathrm{d}\vec{r}=F\cos\theta\mathrm{d}r \tag{4.1}$$

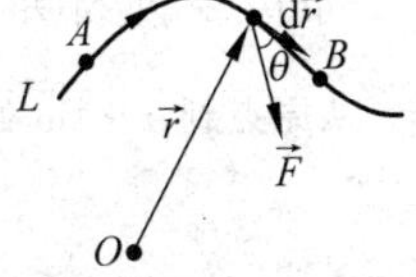

图 4.1　力沿一段曲线做的功

其中 θ 是力$\vec{F}$和元位移 d$\vec{r}$之间的夹角。

功是标量,没有方向,但有正负。当 $0°\leqslant\theta<90°$时,力对质点做正功;当 $90°<\theta\leqslant180°$时,力对质点做负功;当 $\theta=90°$,力对质点不做功。

当质点沿图 4.1 中任意路径 L 由 A 点运动到 B 点时,力$\vec{F}$所做的功可表示为

$$A=\int_A^B\mathrm{d}A=\int_A^B\vec{F}\cdot\mathrm{d}\vec{r} \tag{4.2}$$

在直角坐标系中,上式还可以写成分量式的形式

$$A=\int_L F_x\mathrm{d}x+F_y\mathrm{d}y+F_z\mathrm{d}z \tag{4.3}$$

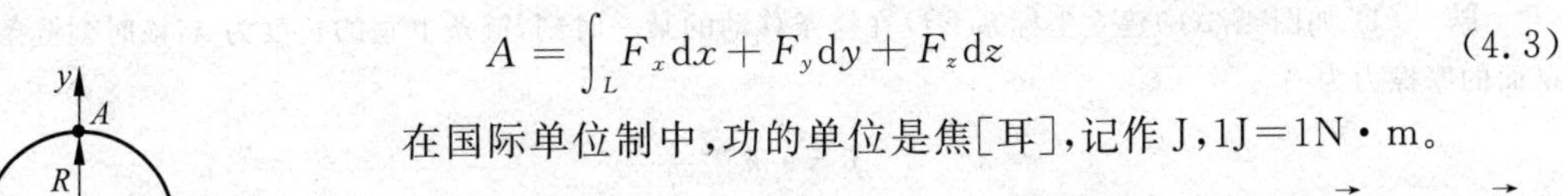

图 4.2　例 4.1 用图

在国际单位制中,功的单位是焦[耳],记作 J,1J=1N·m。

例 4.1　一质点作如图 4.2 所示的圆周运动,受力$\vec{F}=k(x\vec{i}+y\vec{j})$。求质点从 O 点运动到 A 点过程中力$\vec{F}$所做的功。

解　质点从 O 点沿圆周到达 A 点有 2 条路径(从左或右),但根据式(4.3),所做的功都是一样的,即

$$A=\int_L F_x\mathrm{d}x+F_y\mathrm{d}y=\int_0^0 kx\mathrm{d}x+\int_0^{2R}ky\mathrm{d}y=2kR^2$$

4.1.2 质点的动能定理

如果式(4.2)中的$\vec{F}$为合力,将牛顿第二定律代入,可得质点沿任意路径 L 由 A 点运动到 B 点时,力$\vec{F}$所做的功

$$A=\int_A^B\vec{F}\cdot\mathrm{d}\vec{r}=\int_A^B m\frac{\mathrm{d}\vec{v}}{\mathrm{d}t}\cdot\mathrm{d}\vec{r}=\int_A^B m\vec{v}\cdot\mathrm{d}\vec{v}$$

因为 $\mathrm{d}(\vec{v}\cdot\vec{v})=\vec{v}\cdot\mathrm{d}\vec{v}+\mathrm{d}\vec{v}\cdot\vec{v}=2\vec{v}\cdot\mathrm{d}\vec{v}=2v\mathrm{d}v$,上式也可写成

$$A=\int_A^B\vec{F}\cdot\mathrm{d}\vec{r}=\int_A^B mv\mathrm{d}v=\frac{1}{2}mv_B^2-\frac{1}{2}mv_A^2 \tag{4.4}$$

若用 E_k 表示动能$\frac{1}{2}mv^2$,式(4.4)也可表示成

$$A=E_{kB}-E_{kA}=\Delta E_k \tag{4.5}$$

式(4.4)和式(4.5)称作质点的动能定理,即合力对质点所做的功等于质点动能的增量。式中 v_A、v_B 分别为质点经过 A 点和 B 点时的速率。

质点动能定理是牛顿第二定律的直接推论,若质点速度接近光速,动能定理的形式不变,但动能的表达式改变。

例 4.2 $m=1\mathrm{kg}$ 的物体,在坐标原点处从静止出发沿 x 轴运动,所受合力$\vec{F}=(7+4x^3)\vec{i}$,其中$\vec{F}$、x 以 N 和 m 为单位。求 $x=1\mathrm{m}$ 处物体的速率。

解 从原点到 $x=1\mathrm{m}$ 处合力$\vec{F}$所做的功为

$$A=\int_0^1(7+4x^3)\mathrm{d}x=8\mathrm{J}$$

根据式(4.5)的动能定理,可得物体在 $x=1\mathrm{m}$ 处的速率

$$v=\sqrt{\frac{2A}{m}}=4\mathrm{m/s}$$

例 4.3 如图 4.3(a)所示,一条匀质链子总长为 l,质量为 m,放在桌面上靠边处,并使其一端下垂的长度为 a,设链条与桌面之间的滑动摩擦系数为 μ,链条由静止开始运动。

求:(1) 链条离开桌面的过程中摩擦力对链条做了多少功?

(2) 链条离开桌边时的速率是多少?

解 (1) 如图 4.3(b)建立坐标系。设在链条移动的某一时刻,链条下垂的长度为 x,该时刻链条受到桌面的摩擦力为

$$f=\mu mg\frac{l-x}{l}$$

链条下滑过程中摩擦力所做的功为

$$A_f=\int_a^l -f\mathrm{d}x=\int_a^l -\frac{\mu mg(l-x)}{l}\mathrm{d}x=-\frac{\mu mg}{2l}(l-a)^2$$

(2) 以链条为研究对象,重力和摩擦力对链条所做的功等于链条动能的增量,即

$$A_f+A_{mg}=\frac{1}{2}mv^2-\frac{1}{2}mv_0^2$$

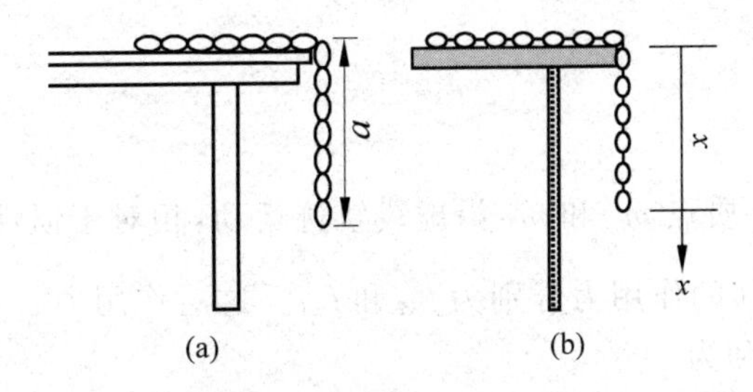

图 4.3　例 4.3 用图

其中重力所做的功为

$$A_{\mathrm{mg}} = \int_a^l \frac{x}{l} mg\,\mathrm{d}x = \frac{mg(l^2 - a^2)}{2l}$$

所以

$$\frac{mg(l^2 - a^2)}{2l} - \frac{\mu mg}{2l}(l-a)^2 = \frac{1}{2}mv^2 - 0$$

得

$$v = \sqrt{\frac{g}{l}\left[(l^2 - a^2) - \mu(l-a)^2\right]}$$

4.2　质点系的动能定理

考虑一个由 n 个质点组成的质点系，对第 i 个质点应用动能定理有

$$A_i = \Delta E_{i,\mathrm{k}} \tag{4.6}$$

其中，A_i 是第 i 个质点所受合力对其所做的功；$\Delta E_{i,\mathrm{k}}$ 是其动能的增量。由于 A_i 是外力和内力对该质点做功之和，即

$$A_i = A_{i外} + A_{i内} \tag{4.7}$$

联立式(4.6)和式(4.7)，并对 i 求和得

$$\sum_{i=1}^{n} A_i = \sum_{i=1}^{n} A_{i外} + \sum_{i=1}^{n} A_{i内} = \sum_{i=1}^{n} \Delta E_{\mathrm{k}i} \tag{4.8}$$

由此可知质点系所有外力与所有内力做功之和等于系统总动能的增量，还可简写为

$$A_{外} + A_{内} = \Delta E_{\mathrm{k}} \tag{4.9}$$

这就是质点系的动能定理。

内力的冲量不会改变系统的总动量，但是内力的功可以改变系统的总动能。例如烟花炸开时动量守恒，但是其动能显然不守恒。

4.3　一对力的功与保守力

由质点系的动能定理可知，内力所做的功可以改变系统的动能。我们知道，内力都是以作用力、反作用力的形式成对出现的，现在我们就来讨论这样的一对作用力、反作用力做功的特点。

4.3.1 一对力的功

如图 4.4 所示，两个质点 m_1 和 m_2 沿虚线轨迹运动，相对于惯性系坐标原点 O 的位矢分别为 $\vec{r}_1$ 和 $\vec{r}_2$，它们之间的作用力分别为 $\vec{f}_{12}$ 和 $\vec{f}_{21}$。这对作用力、反作用力所做的元功之和为

$$\begin{aligned}\mathrm{d}A &= \vec{f}_{12}\cdot\mathrm{d}\vec{r}_1+\vec{f}_{21}\cdot\mathrm{d}\vec{r}_2\\ &= \vec{f}_{12}\cdot(\mathrm{d}\vec{r}_1-\mathrm{d}\vec{r}_2)\\ &= \vec{f}_{12}\cdot\mathrm{d}\vec{r}\end{aligned}\tag{4.10}$$

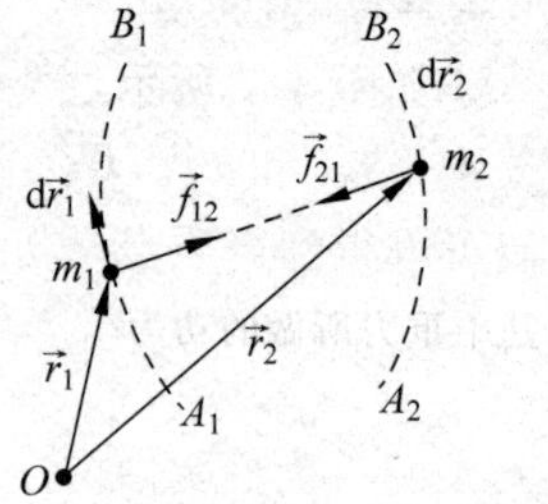

图 4.4 一对力所做的功

$\mathrm{d}\vec{r}$ 是两个质点之间的相对位移的微元。因此，两个质点间一对作用力、反作用力所做元功的代数和等于作用于其中一质点的力与该质点相对于另一质点元位移的标量积。不管将坐标系的原点选在哪里，质点间的相对位移都不会改变，所以一对作用力、反作用力所做元功代数和不依赖于坐标系的选择。

例 4.4 如图 4.5 所示，一辆汽车沿一平直的公路行驶，车上一人从车尾向车头方向走了距离 l'，在人走动的这段时间内，车向前行驶了距离 l。求在地面参考系和在汽车参考系中人对车的摩擦力 $\vec{f}$ 和车对人的摩擦力 $\vec{f}'$ 这一对作用、反作用力所做功的代数和。

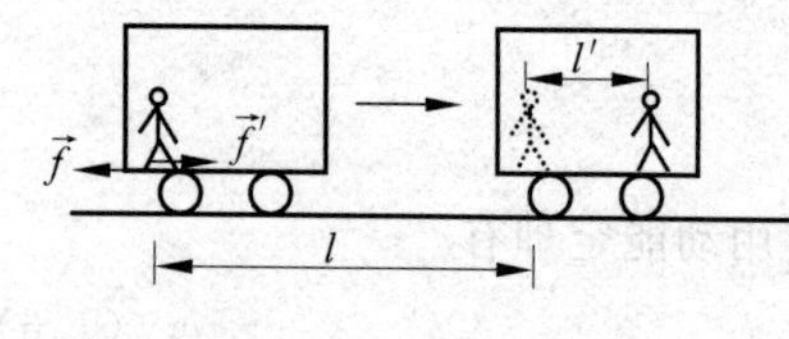

图 4.5 例 4.4 用图

解 由于摩擦力 $f=-f'$，则在地面参考系中有

$$A_{\vec{f}}+A_{\vec{f}'}=fl+f'(l+l')=f'l'$$

在车厢参考系中有

$$A'_{\vec{f}}+A'_{\vec{f}'}=0+f'l'=f'l'$$

即在地面参考系和在汽车参考系中，一对摩擦力所做功的代数和相等。本例再次说明，一对作用力、反作用力所做功的代数和与所选坐标系无关。

4.3.2 引力、重力、弹性力所做的功 保守力

计算引力、重力、弹性力做的功，实际上都是在计算一对力的功。因为一对力的功与坐标系的选择无关，为计算简单，我们可以把坐标原点选在其中一个物体上。

1. 引力的功

质量分别为 m 和 M 的两个质点，其间的引力为一对作用力、反作用力，计算这一对引力的功时，可以把其中一个质点所在位置设为坐标原点，如图 4.6 所示，则当 m 相对于 M 沿某一路径由 a 点运动到 b 点时，它们之间引力所做的功为

$$A=\int_a^b-\frac{GMm}{r^3}\vec{r}\cdot\mathrm{d}\vec{r}=\int_a^b-\frac{GMm}{r^3}r\mathrm{d}r=\int_a^b-\frac{GMm}{r^2}\mathrm{d}r$$

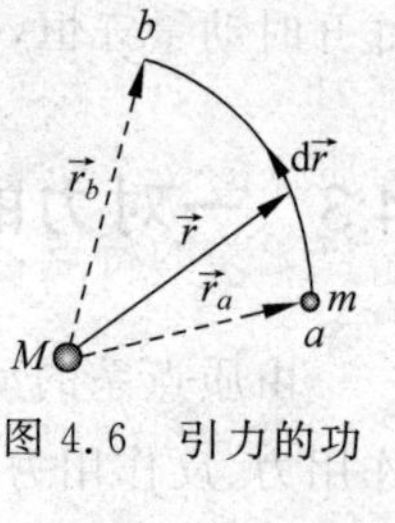

其中，$\vec{r}\cdot\mathrm{d}\vec{r}=r\mathrm{d}r$，得到万有引力做的功为

图 4.6 引力的功

$$A=\left(-\frac{GMm}{r_a}\right)-\left(-\frac{GMm}{r_b}\right) \tag{4.11}$$

r_a 和 r_b 分别为 a 点和 b 点到质点 M 的距离。这一结果表明，一对引力所做的功与路径无关，只取决于两质点的始、末相对位置。

2. 重力的功

如图 4.7 所示，假定一质量为 m 的质点从点 A 运动到点 B，点 A 和点 B 离地面的高度分别为 h_A 和 h_B。尽管质点运动的路径是曲线，但重力的方向始终指向 Oy 轴的负方向。我们可以得到当质点从点 A 运动到点 B 过程中重力所做的功为

$$A=\int_{h_A}^{h_B}-mg\,\mathrm{d}y=-(mgh_B-mgh_A)=mgh_A-mgh_B \tag{4.12}$$

上式说明重力所做的功也只与质点的始末位置有关，而与路径无关。这也是重力做功的重要特点。

3. 弹性力的功

如图 4.8 所示，一轻质弹簧放置于一光滑水平面上，弹簧的一端固定，另一端系一质量为 m 的物体，O 点是平衡位置。当弹簧被拉伸或压缩时，它将产生弹力。根据胡克定律，在弹性范围内，弹力 F 与弹簧的形变量 x 的关系为

$$F=-kx \tag{4.13}$$

其中，k 是弹簧的劲度系数，负号表示弹力的方向始终与弹簧的位移方向相反。

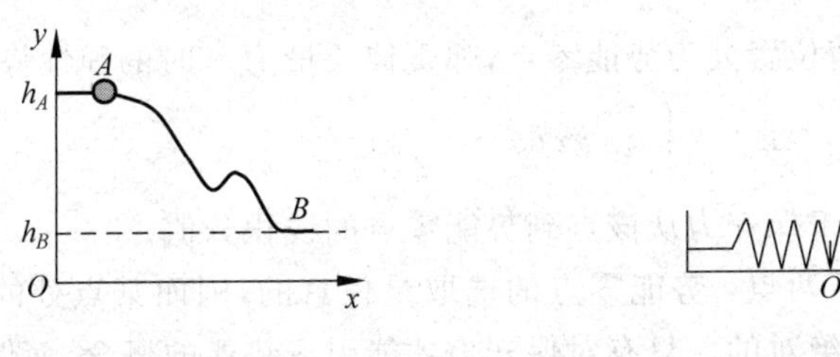

图 4.7　重力所做的功　　图 4.8　弹性力所做的功

当弹簧由 x_a 处运动到 x_b 处时，通过积分可得弹性力所做的功为

$$A=\int_{x_a}^{x_b}-kx\,\mathrm{d}x=-\left(\frac{1}{2}kx_b^2-\frac{1}{2}kx_a^2\right)=\frac{1}{2}kx_a^2-\frac{1}{2}kx_b^2 \tag{4.14}$$

从上式可以看出，与重力、万有引力所做功的特点一样，弹性力所做的功也只与物体始末位置有关，而与形变的中间过程无关。

4. 保守力

如果一个作用在质点上的力所做的功与路径无关，而只与质点的始末位置有关，这种力称为保守力。从上面所讨论的引力、重力及弹性力做功的特点可以看出，它们所做的功都只与质点的始末位置有关，而与路径无关，它们都是保守力。并不是所有的力都具有所做功与路径无关的特点，例如，摩擦力所做的功就与路径有关。这种所做功与路径有关的力称为非保守力。

在前面对引力、重力及弹性力做功的计算过程中，如果取 a 和 b 为同一点，也就是力沿一闭合路径积分，所得积分结果一定都为零，即 $\oint\vec{F}\cdot\mathrm{d}\vec{r}=0$，所以，保守力还可以定义为：

如果一个力沿任意闭合路径所做的功均为零,那么这个力是保守力。保守力的这两种定义是等价的。

4.4 系统的势能

从上面对万有引力、重力及弹性力做功的讨论可知,保守力所做的功是始、末位置函数之差,这个关于位置的状态函数,我们称之为势能,用符号 E_p 来表示,并且定义保守力所做的功等于系统势能的负增量,即

$$A_{AB} = -\Delta E_p = E_{pA} - E_{pB} \tag{4.15}$$

上式说明,质点由 A 点运动到 B 点保守力做的功,等于质点位于 A 点时系统的势能减去质点位于 B 点时系统的势能。

式(4.15)定义的是两点之间的势能差,所以,要确定某点的势能还必须选取势能零点。势能零点的选取是任意的,可以根据问题的方便确定。例如选取无穷远处为万有引力势能零点,两质点相距 r 时,万有引力势能为

$$E_p = \int_r^{\infty} -\frac{GMm}{r^2}\mathrm{d}r = -\frac{GMm}{r} \tag{4.16}$$

选取地面为重力势能零点,质量为 m 的物体,处于距地面 h 高度时系统的重力势能为

$$E_p = \int_h^0 -mg\,\mathrm{d}y = mgh \tag{4.17}$$

选取水平放置的弹簧平衡位置处为势能零点,弹簧伸长量为 x 时的弹性势能为

$$E_p = \int_x^0 -kx\,\mathrm{d}x = \frac{1}{2}kx^2 \tag{4.18}$$

可见,空间某一点处的势能等于保守力从该点到势能零点的线积分值。

对于势能要特别注意以下两点:势能零点的选取是任意的,因而某点处的势能是相对的,但两点之间的势能之差是绝对的。只有对保守力才能引入势能的概念,而保守力做功实际就是一对力做的功,所以势能属于整个系统所共同具有。

势能是一个标量,它的单位为焦[耳]。

例 4.5 两质点的质量均为 m,开始时两者静止,距离为 a,在万有引力作用下两者距离变为 b。求在此过程中万有引力做的功是多少,两者距离为 b 时的速率又为多少。

解 万有引力做功对应势能的减少

$$A = E_{pa} - E_{pb} = \left(-\frac{Gm^2}{a}\right) - \left(-\frac{Gm^2}{b}\right) = \frac{Gm^2(a-b)}{ab}$$

根据质点系的动能定理,万有引力做的功全部转化为两质点的动能,则

$$2 \times \frac{1}{2}mv^2 = \frac{Gm^2(a-b)}{ab}$$

解出速率 v 为

$$v = \sqrt{\frac{Gm(a-b)}{ab}}$$

例 4.6 一质量为 m 的陨石从距地面高 h 处由静止开始落向地面,忽略空气阻力。求:

(1) 陨石下落过程中,万有引力做的功是多少?

(2) 陨石落地的速率多大?(设地球质量为 M,地球半径为 R)

解　(1) 陨石离地面较远，不能把所受地球的引力近似为 mg。陨石所受万有引力大小为$\frac{GMm}{r^2}$，方向指向地心。取地心为坐标原点，如图 4.9 所示，则万有引力所做的功为

$$A=\int_{R+h}^{R}-\frac{GMm}{r^2}\mathrm{d}r=\frac{GMmh}{R(R+h)}$$

由于万有引力是保守力，功的量值也可以通过势能的变化获得。引力的功等于引力势能的减少，即

$$A=-\frac{GMm}{R+h}-\left(-\frac{GMm}{R}\right)=\frac{GMmh}{R(R+h)}$$

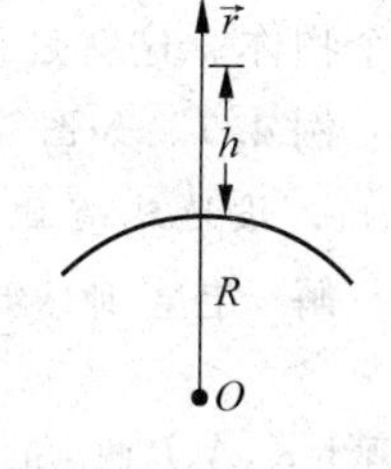

图 4.9　例 4.6 用图

(2) 万有引力所做的功对应陨石动能的增量，即

$$A=\frac{GMmh}{R(R+h)}=\frac{1}{2}mv^2$$

解出陨石的落地速率为

$$v=\sqrt{\frac{2GMh}{R(R+h)}}$$

4.5　功能原理与机械能守恒定律

4.5.1　功能原理

按照力做功的特点来划分，可将质点系中各质点间的内力分为保守力和非保守力。则质点系的动能定理可写为

$$A_{外}+A_{保守内}+A_{非保守内}=\Delta E_{\mathrm{k}} \tag{4.19}$$

式中，$A_{保守内}$ 和 $A_{非保守内}$ 分别为保守内力和非保守内力做的功。因为保守内力做的功等于系统势能的减少，即

$$A_{保守内}=-\Delta E_{\mathrm{p}}$$

将此式代入式(4.19)可得

$$A_{外}+A_{非保守内}=\Delta(E_{\mathrm{k}}+E_{\mathrm{p}}) \tag{4.20}$$

这就是质点系的功能原理。因为动能和势能之和为机械能 E，故式(4.20)右侧对应机械能的增量。功能原理表明，质点系在运动过程中，外力做的功与系统内非保守内力做功之和等于系统机械能的增量。

4.5.2　机械能守恒定律

由功能原理可知，如果 $A_{外}+A_{非保守内}=0$，我们有

$$E=常数 \tag{4.21}$$

这就是机械能守恒定律：如果一个系统的外力以及非保守内力所做功之和为零，则这个系统的机械能守恒。保守内力可以将动能转变为势能，或者将势能转变为动能，甚至可以将一种形式的势能转变为另一种形式的势能，但不改变系统总的机械能。我们可利用机械能守恒定律来分析保守系统。

对于一个孤立系统，若只有保守内力做功，则系统的机械能一定守恒。如果我们引入更

广泛的能量概念,那么对于一个孤立系统,其经历任何变化时,该系统内所有能量的总和都不会发生变化,能量只能从一种形式转化成另一种形式,或是从系统内的一个物体转移到另一个物体。这就是普遍的能量守恒定律,它是自然界中一条最基本的定律。

例 4.7 如图 4.10 所示,质量为 m 的卫星绕地球作椭圆运动,A、B 两点距地心分别为 r_1、r_2。设地球质量为 M,则卫星在 A、B 两点的动能之差为多少?

A r_1 r_2 B

图 4.10 例 4.7 用图

解 卫星-地球组成的系统机械能守恒

$$E_{pA}+E_{kA}=E_{pB}+E_{kB}$$

整理上式,A、B 两点的动能之差用势能差来表示有

$$E_{kA}-E_{kB}=E_{pB}-E_{pA}$$

代入选无穷远点为势能零点时 A、B 两点的势能表达式有

$$E_{kA}-E_{kB}=\left(-\frac{GMm}{r_2}\right)-\left(-\frac{GMm}{r_1}\right)=GMm\,\frac{r_2-r_1}{r_1r_2}$$

例 4.8 一半圆槽质量为 M,置于光滑水平桌面上。质量为 m 的物体从光滑半圆槽顶部 A 处由静止开始下滑,如图 4.11 所示。求 m 滑至任一点 B 时,物体 m 相对于半圆槽的速率 v 及半圆槽相对于地面的速率 V。

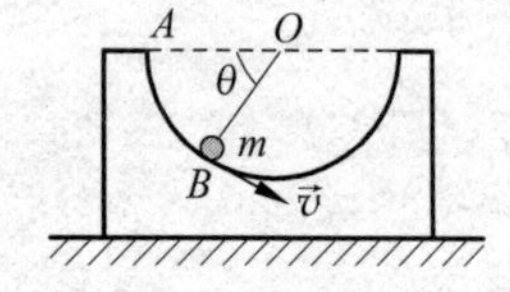

图 4.11 例 4.8 用图

解 选 m 和 M 组成的系统为研究对象,水平方向不受外力,故水平方向动量守恒。设 m 相对于半圆槽的速度为 v,M 相对于地面的速度为 V,有

$$m(v\sin\theta-V)=MV$$

对于 m、M 和地球组成的系统,有机械能守恒

$$mgR\sin\theta=\frac{1}{2}m(v\sin\theta-V)^2+\frac{1}{2}m(v\cos\theta)^2+\frac{1}{2}MV^2$$

联立以上两式可解出

$$v=\sqrt{\frac{(M+m)Rg\sin\theta}{(M+m)-m\sin^2\theta}},\quad V=\frac{m\sin\theta}{M+m}\sqrt{\frac{2(M+m)Rg\sin\theta}{(M+m)-m\sin^2\theta}}$$

4.6 对称性与守恒定律

自然界中的对称性随处可见,对称是自然界固有的一种属性。下面是一些具有几何对称性的例子,如图 4.12 所示。

图 4.12 自然界中的对称性

1951 年德国数学家魏尔给出了对称性的普遍而又严格的定义:对一个事物进行一次变动或操作,如果经此操作后,该事物完全复原,则称该事物对所经历的操作是对称的,而该操作就称为对称操作。下面介绍几种常见的对称性及物理定律的对称性。

4.6.1 几种常见的对称性

1. 镜像对称

镜像对称又称为左右对称，其特点是如果将中心线设想为一个垂直于图面的平面镜与图面的交线，则中心线两边的每一半都分别是另一半在平面镜中的像。图4.12中的树叶、雪花和蝴蝶都具有这一对称性。

2. 转动对称

如果一个形体绕某一固定轴转动一个角度后能够与原来重合，则称此形体具有转动对称性。图4.13中二维正方格子绕过一个格点且垂直于二维平面的轴转过90°、180°、270°和360°后都保持不变，则此二维正方格子具有转动对称性。

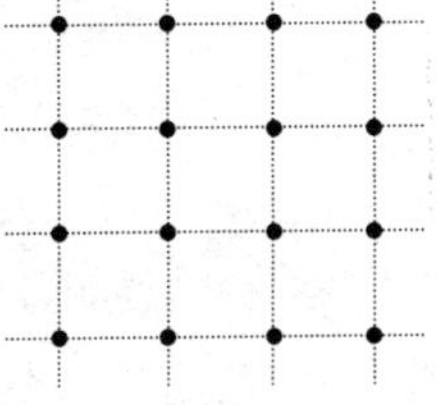

图4.13　转动对称性

3. 平移对称

如果一个形体发生平移后也能够和原来重合，那么该形体具有空间平移对称性。如果图4.13中的二维正方格子沿某一边长方向平移格子边长的整数倍，图形不会发生任何变化，即二维正方格子也具有平移对称性。

4.6.2 物理定律的对称性

物理定律的对称性指的是物理定律在某种变换下其形式保持不变的性质，因此物理定律的对称性又称作不变性。例如，在伽利略变换下，牛顿定律是不变的。物理定律的对称性与空间平移对称性、时间平移对称性、空间转动对称性、镜像对称性密切相关。

设想在空间某处做一物理实验，然后将该套实验仪器平移到另一处，实验条件相同，则实验将会以完全相同的形式进行，这就是物理定律的空间平移对称性，也叫空间均匀性，动量守恒定律就是这一对称性的表现。

一个实验如果不改变原始的条件和所使用的仪器，不管是今天去做还是明天去做，都会得到相同的结果。这一事实称为物理定律的时间平移对称性，也叫时间的均匀性。能量守恒定律就是时间对称性的表现。

物理实验仪器不管在空间如何转向，只要实验条件相同，则物理实验会以完全相同的方式进行，其物理实体在空间所有方向上都是相同的，这称为物理定律的空间转动不变性，又叫空间各向同性。角动量守恒定律就是这种对称性的表现。

物理定律的对称性有着深刻的物理含义，1916年，诺特提出一个著名定理：作用量的每一种对称性都对应一个守恒定律，即一个守恒量。也就是说，一个对称原理必然产生一个守恒定律。诺特定理引导物理学家们去寻找研究新领域中的守恒定律和守恒量。对称性在微观世界，特别是在粒子物理领域非常重要，表4.1给出一些宏观和微观领域对称性与守恒量的对应关系。

表 4.1 一些对称性与守恒量的对应关系

对称性(不变性)	守恒定律
空间平移对称性	动量守恒
时间平移对称性	能量守恒
转动对称性	角动量守恒
空间反演对称性	宇称守恒
电荷规范变换对称性	电荷守恒
重子规范变换对称性	重子数守恒
轻子规范变换对称性	轻子数守恒

第5章

刚体的定轴转动

前面讲的质点运动只代表物体的平动，而在机械运动中，只局限于质点情况的研究是不够的。一般讲，实际的物体既有形状，又有大小，可以作平动、转动或平动和转动的复合运动。在很多情况下，物体在受力过程中都会发生或多或少的形变，使得对物体的分析变得十分复杂，为此，人们提出了**刚体这一理想化模型**。所谓**刚体**就是在任何条件下形状和大小都不发生变化的物体，适用于物体受力过程中形变很小的情况。刚体可以看成由许多质元（质量微元）构成的**质点系**，因此，只要应用前几章的基本概念和原理就可以对刚体所遵从的力学规律进行研究和探讨了。

本章重点讨论刚体的定轴转动这种简单的情况，其主要内容涉及：角速度、角加速度、转动惯量、力矩、转动动能和角动量等物理概念，以及转动定理和角动量守恒定律等。

5.1 刚体定轴转动的描述

在运动过程中，如果刚体上任意两点的连线始终保持相互平行，则这种运动称为刚体的**平动**，如图5.1所示。刚体平动时，其上各质元的运动完全相同，因此，也可以用**质心的运动**来代表刚体的平动。

在运动过程中，如果刚体上所有质元都围绕同一直线作圆周运动，那么，这种运动就称为刚体的**转动**，该直线称为**转轴**，如图5.2所示。若转轴固定不动，则这种运动称为刚体的**定轴转动**。

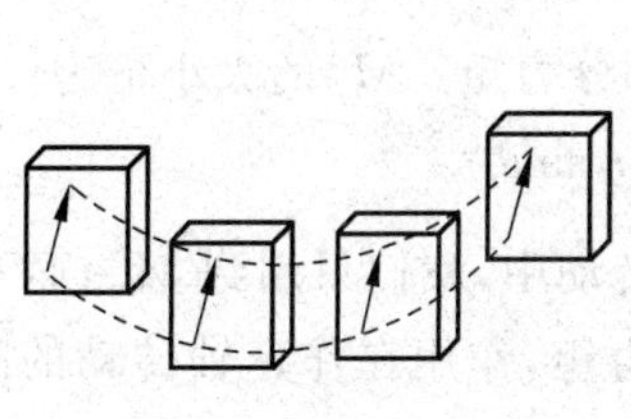

图5.1 刚体的平动

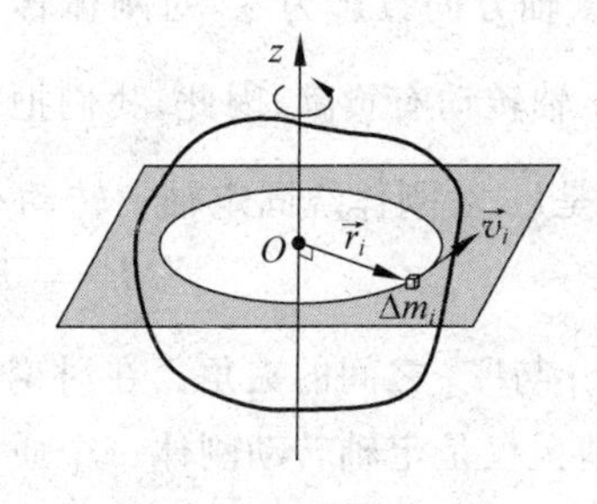

图5.2 刚体定轴转动

刚体的运动一般是复杂的，但都可以分解为平动和转动的叠加。如前进中的自行车轮，我们可以把它看作是车轮质心沿地面的平动和车轮绕车轴（即质心位置）的转动的合成。

如图 5.2 所示,某一刚体绕 z 轴作定轴转动,Δm_i 为刚体的任一质元,绕 z 轴作圆周运动。圆周轨道所在平面称之为**转动平面**,它与转轴垂直;圆周轨道的中心就是转动平面与转轴的交点 O,称为**转心**。

刚体绕某一固定轴转动时,由于各质元的相对位置不同,所以,它们的线速度、线加速度一般是不同的。但是,由于各质元的相对位置保持不变,所以,描述各质元运动的角量,如**角位移**、**角速度**和**角加速度**都是相同的。因此,描述刚体整体运动时,使用角量一般较为方便。

5.2 转动定律

5.2.1 力矩

为了改变刚体原来的运动状态,必须对刚体施加作用力。外力对刚体转动的影响,不仅与力的大小和方向有关,而且还与作用点的位置有关,为此,我们引入**力矩**这一物理量。

如图 5.3 所示,刚体绕固定轴转动,我们取该轴为 z 轴,O 为 z 轴上任一点且设为坐标原点,O'为转心,$\vec{F}_i$ 为质元 Δm_i 所受合外力,将$\vec{F}_i$ 分解为平行和垂直于 z 轴的两个分量$\vec{F}_{iz}$ 和$\vec{F}_{i\perp}$,$\vec{r}_{iO}$、$\vec{r}_{iz}$ 分别为质元 Δm_i 和转心 O'的位矢,$\vec{r}_i$、$r_{i\perp}$ 分别为 O'到质元 Δm_i 的位矢和$\vec{F}_{i\perp}$ 所在直线的距离。任一质元 Δm_i 所受力$\vec{F}_i$ 对于固定点 O 点的力矩为

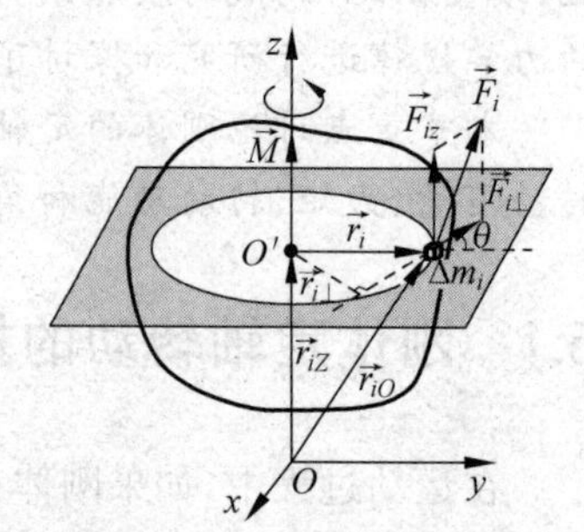

图 5.3 刚体定轴转动的力矩

$$\vec{M}_{iO} = \vec{r}_{iO} \times \vec{F}_i = \vec{r}_{iO} \times (\vec{F}_{i\perp} + \vec{F}_{iz})$$

对于定轴转动而言,因$\vec{r}_{iO} \times \vec{F}_{iz}$ 在叉乘后方向垂直 z 轴,即在 z 轴方向投影为零,所以$\vec{F}_{iz}$ 对刚体转动的贡献为零,只有$\vec{F}_{i\perp}$ 才对刚体转动有贡献。又$\vec{r}_{iO} \times \vec{F}_{i\perp} = (\vec{r}_i + \vec{r}_{iz}) \times \vec{F}_{i\perp}$,其中$\vec{r}_{iz} \times \vec{F}_{i\perp}$ 在叉乘后方向垂直 z 轴,即在 z 轴方向投影为零,对刚体转动没有贡献,而$\vec{r}_i \times \vec{F}_{i\perp}$ 在叉乘后方向平行于 z 轴,对刚体沿 z 轴转动有贡献,因此,我们把它记作$\vec{M}_{iz}$,它的物理意义就是力矩$\vec{M}_{iO}$ 在 z 轴上的投影,也就是$\vec{F}_i$ 对刚体绕固定轴 z 转动有贡献的那部分力矩。$\vec{M}_{iz}$ 的大小记为

$$M_{iz} = F_{i\perp} r_{i\perp} = F_{i\perp} r_i \sin\theta_i \tag{5.1}$$

其中 θ_i 为$\vec{r}_i$ 与$\vec{F}_{i\perp}$ 之间的夹角。在讨论刚体的定轴转动中,我们只用到 M_{iz},而不是$\vec{M}_{iO}$。

以上情况仅是定轴转动刚体一个质元所受的外力矩,作用在作定轴转动的刚体上的合外力矩,则为

$$M_z = \sum M_{iz} = \sum F_{i\perp} r_i \sin\theta = \sum F_{i\perp} r_{i\perp} \tag{5.2}$$

5.2.2　刚体定轴转动定理

如图 5.4 所示，任一质元 Δm_i 对于 z 轴上任一点 O 的角动量为

$$\vec{L}_{iO} = \Delta m_i \vec{r}_{iO} \times \vec{v}_i$$

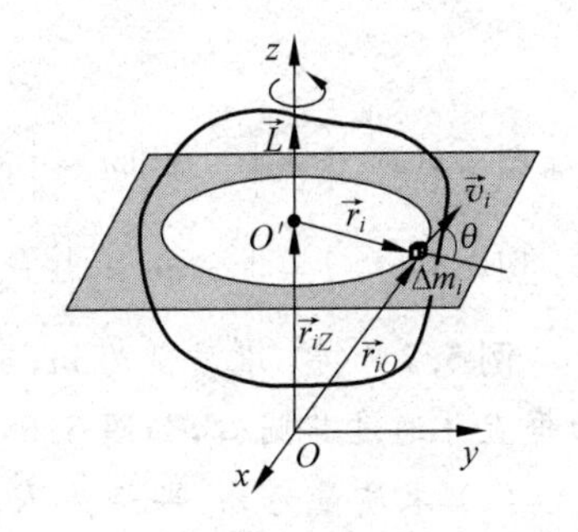

图 5.4　定轴转动刚体的角动量

根据前面的分析可知，角动量$\vec{L}_{iO}$在 z 轴上的投影大小为

$$L_{iz} = \Delta m_i r_{iO} v_i \sin\theta_i = \Delta m_i r_i v_i = \Delta m_i r_i^2 \omega$$

整个刚体绕 z 轴的总角动量则为所有质元绕 z 轴的角动量之和，即

$$L_z = \sum_i L_{iz} = \sum_i \Delta m_i r_i^2 \omega = \left(\sum_i \Delta m_i r_i^2\right)\omega \tag{5.3}$$

式中，$\sum_i \Delta m_i r_i^2$ 只决定于刚体的质量分布和转轴的位置，我们称之为刚体绕 z 轴的**转动惯量**，用 J_z 表示，即

$$J_z = \sum_i \Delta m_i r_i^2 \tag{5.4}$$

对于质量连续分布的刚体，其转动惯量可以表示为

$$J_z = \int r^2 \mathrm{d}m \tag{5.5}$$

式中，r 为质元 $\mathrm{d}m$ 到固定轴 z 的距离。转动惯量的大小与刚体的质量、形状和转轴的位置有关。

引入转动惯量后，则刚体绕定轴 z 的角动量可表示为

$$L_z = J_z \omega \tag{5.6}$$

将角动量定理$\vec{M}=\frac{\mathrm{d}\vec{L}}{\mathrm{d}t}$中的$\vec{M}$、$\vec{L}$分别沿固定轴 z 进行投影，其分量式为

$$M_z = \frac{\mathrm{d}L_z}{\mathrm{d}t} = J_z \frac{\mathrm{d}\omega}{\mathrm{d}t} = J_z \alpha \tag{5.7}$$

因为我们目前主要讨论刚体定轴转动的问题，因此，常常省略下标 z 而写成

$$M = J\alpha \tag{5.8}$$

式(5.7)、式(5.8)表明：刚体作定轴转动时，刚体对定轴的转动惯量与其角加速度的乘积等于刚体所受外力的合外力矩，称为**刚体定轴转动定理**。它在刚体力学中的地位与质点力学中的牛顿第二定律的地位相当。

5.2.3　转动惯量的计算

下面举几个计算刚体转动惯量的例子。

例 5.1　求一质量为 m，长度为 L 的均匀细棒相对于图 5.5(a)棒的中心轴和图 5.5(b)通过棒一端且垂直于棒的轴的转动惯量。

解　依题，设质元 $\mathrm{d}m=\lambda \mathrm{d}x=\frac{m}{L}\mathrm{d}x$（$\lambda$ 为单位长度质量），根据转动惯量的定义，

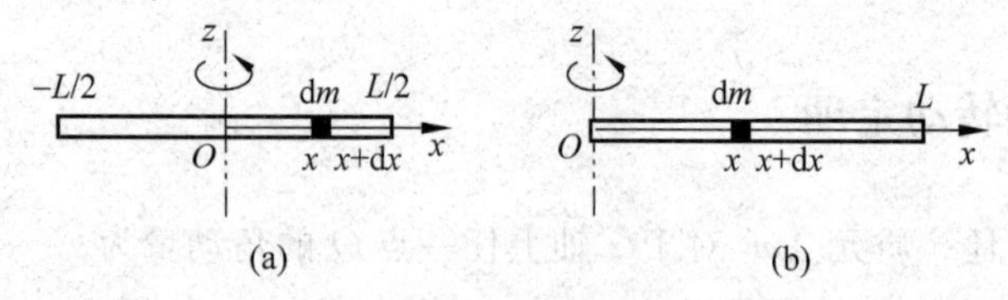

图 5.5 例 5.1 用图

图 5.5(a)：$J=\int_{-L/2}^{L/2}x^2\,\mathrm{d}m=\int_{-L/2}^{L/2}x^2\lambda\mathrm{d}x=\int_{-l/2}^{l/2}x^2\,\frac{m}{L}\mathrm{d}x=\frac{1}{12}mL^2$

图 5.5(b)：$J=\int_0^L x^2\,\mathrm{d}m=\int_0^L x^2\lambda\mathrm{d}x=\int_0^L x^2\,\frac{m}{L}\mathrm{d}x=\frac{1}{3}mL^2$

例 5.2 (1) 求质量为 m，半径为 R，厚度极薄的均匀圆环的转动惯量。转轴与圆环平面垂直并通过其圆心，如图 5.6(a)所示。

(2) 求质量为 m，半径为 R，均匀薄圆盘的转动惯量。轴与圆盘平面垂直并通过其圆心，如图 5.6(b)所示。

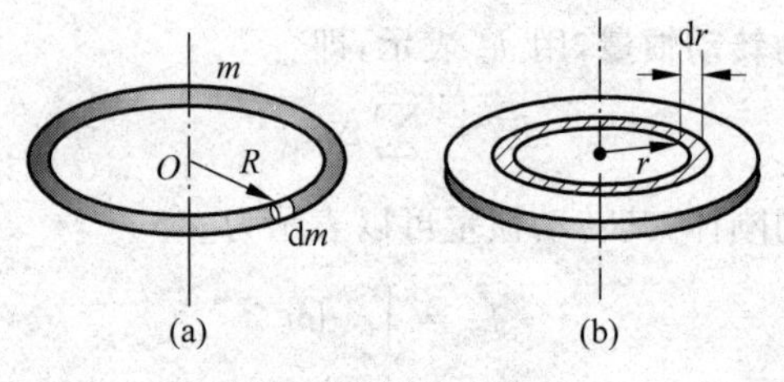

图 5.6 例 5.2 用图

解 (1) 根据转动惯量定义，环上质元 $\mathrm{d}m$ 到轴的垂直距离皆为 R，所以

$$J=\int R^2\,\mathrm{d}m=R^2\int\mathrm{d}m=mR^2$$

(2) 因为是均匀薄圆盘，所以，圆盘面密度 $\sigma=\frac{m}{\pi R^2}$；应用微元法，将圆盘看成由许多圆环组成；选取一与盘心同心、半径为 r、宽为 $\mathrm{d}r$ 的圆环为质元，$\mathrm{d}m=\sigma 2\pi r\mathrm{d}r$，其转动惯量微元为 $\mathrm{d}J=r^2\mathrm{d}m=\sigma 2\pi r^3\mathrm{d}r$。则整个薄圆盘对轴的转动惯量为

$$J=\int_0^R 2\pi\sigma r^3\,\mathrm{d}r=\int_0^R 2\pi\,\frac{m}{\pi R^2}r^3\,\mathrm{d}r=\frac{1}{2}mR^2$$

一些均匀刚体的转动惯量如表 5.1 所示。

表 5.1 一些均匀刚体的转动惯量

细棒绕中心轴		$\frac{1}{12}mL^2$
细棒绕一端轴		$\frac{1}{3}mL^2$
薄圆环(筒)绕中心轴		mR^2
圆盘(柱)绕中心轴		$\frac{1}{2}mR^2$
薄球壳绕中心轴		$\frac{2}{3}mR^2$
球体绕中心轴		$\frac{2}{5}mR^2$

*5.2.4　平行轴定理

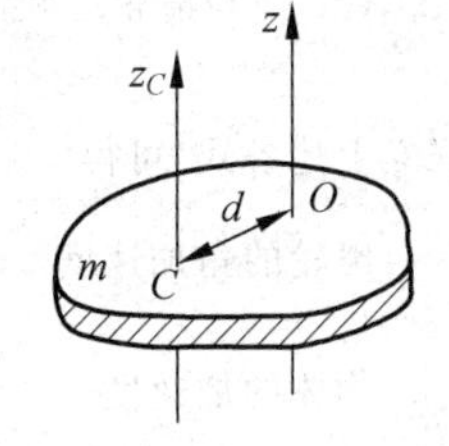

图5.7　平行轴定理

若两转轴平行，其中一轴过质心 C，则刚体对两轴的转动惯量有如下关系：

$$J_z = J_C + md^2 \tag{5.9}$$

式中，m 为刚体质量；J_C 为刚体对于通过质心 C 的轴 z_C 的转动惯量；J_z 为对另一平行轴 z 的转动惯量；d 为上述两轴之间的垂直距离。

如例5.2中，求细棒相对于通过棒一端且垂直于棒的轴的转动惯量就可以借助相对棒的中心轴的转动惯量和两条转轴间距离求得，即

$$J = \frac{1}{12}ml^2 + m\left(\frac{1}{2}l\right)^2 = \frac{1}{3}ml^2$$

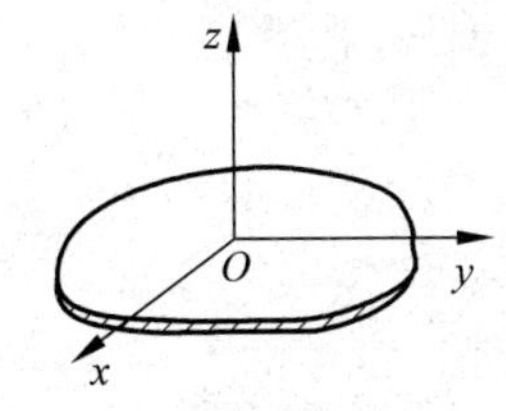

图5.8　垂直轴定理

*5.2.5　垂直轴定理

图5.8中所示有一刚体薄板在 xy 平面内，若其对 x 轴和 y 轴转动惯量分别为 J_x 和 J_y，则薄板对 z 轴的转动惯量 J_z 为

$$J_z = J_x + J_y \tag{5.10}$$

特别注意，该定理仅适用于薄平板。

借助以上两个定理，有时可以帮助我们方便得到刚体的转动惯量。

5.2.6　转动定理举例

例5.3　一质量为 M、半径为 R 的均质圆柱形定滑轮上跨有一条轻质绳，绳的两端分别挂有质量为 m_1 和 m_2 的两个物体，且 $m_1 < m_2$。滑轮与轴之间光滑没有摩擦，绳子与轮之间无滑动，求：滑轮的角加速度 α、物体的加速度 a 和绳的张力。

解　根据已知条件，首先应对滑轮和两个物体进行隔离体受力分析，然后应用牛顿定律和刚体转动定理对问题求解。系统受力分析如图5.9所示。注意，此时滑轮应视为刚体，而不能再视为质点，因此，各个力的作用点不一定相同。通过受力分析，可以想象，这个系统作变速运动，因此，滑轮两侧的张力 T_1 与 T_2 应该大小不等，且滑轮的重力 Mg 与轴对滑轮的支撑力 N 都通过轴线，对转轴没有力矩。因为 $m_1 < m_2$，所以，m_2 作向下加速运动，m_1 作向上加速运动，滑轮作顺时针转动。

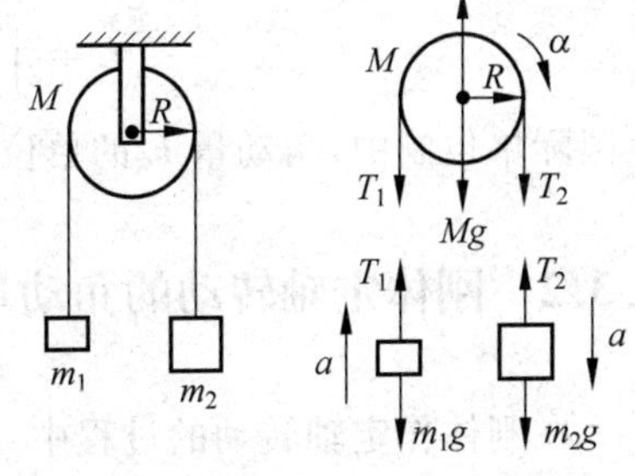

图5.9　例5.3用图

(1) 对 m_1、m_2 运用牛顿定律有

$$T_1 - m_1 g = m_1 a$$
$$m_2 g - T_2 = m_2 a$$

(2) 对滑轮由刚体转动定理

$$T_2 R - T_1 R = J\alpha$$

其中圆柱形滑轮转动惯量

$$J = \frac{1}{2}MR^2$$

(3) 绳与滑轮之间没有相对滑动,因此

$$a = R\alpha$$

联立上述各式,可得

滑轮的角加速度 $$\alpha=\left(\frac{m_2-m_1}{m_1+m_2+M/2}\right)\frac{g}{R}$$

物体的加速度 $$a=\left(\frac{m_2-m_1}{m_1+m_2+M/2}\right)g$$

绳的张力 $$T_1=m_1\left(\frac{2m_2+M/2}{m_1+m_2+M/2}\right)g$$

$$T_2=m_2\left(\frac{2m_1+M/2}{m_1+m_2+M/2}\right)g$$

讨论:

(1) 本问题结果表示该系统运动为匀变速运动;

(2) 当滑轮重量忽略不计时,即 $M=0$ 时,有

$$a = \left(\frac{m_2 - m_1}{m_1 + m_2}\right)g$$

$$T_1 = T_2 = \frac{2m_1 m_2}{m_1 + m_2}g$$

与质点力学的情形相同。

5.3 定轴转动的角动量定理和角动量守恒定律

5.3.1 刚体定轴转动的角动量定理

由式(5.6)可知,刚体绕固定轴 Oz 的角动量可表示为

$$L = J\omega$$

代入式(5.8)可得,刚体作定轴转动时,合外力矩等于刚体角动量对时间的变化率,称之为刚体定轴转动的**角动量定理**,即

$$M = \frac{\mathrm{d}L}{\mathrm{d}t} \tag{5.11}$$

其积分式为

$$L = \int_{t_1}^{t_2} M\mathrm{d}t = \int_{\omega_1}^{\omega_2} J\,\mathrm{d}\omega = J\omega_2 - J\omega_1 \tag{5.12}$$

在国际单位制中,角动量 L 的单位为 $\mathrm{kg\cdot m^2/s}$,其量纲为 ML^2T^{-1}。

5.3.2 刚体定轴转动的角动量守恒定律

在刚体作定轴转动的过程中,当合外力矩 $M=0$ 时,有

$$L = 常数 \tag{5.13}$$

这就是刚体定轴转动的**角动量守恒定律**,即如果一个刚体受的对于某一固定轴的合外力矩的零,则该刚体对该固定轴的角动量保持不变。

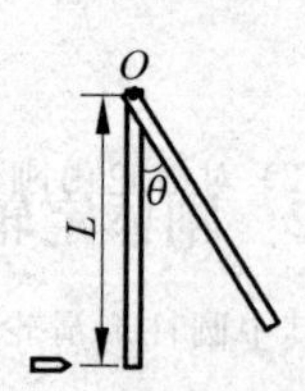

图 5.10 例 5.4 用图

例 5.4 如图 5.10 所示,长为 L、质量为 M 的均匀细棒能绕一端在竖直平面内转动。开始时,细棒静止于垂直位置。现有一质量为

m 的子弹，以水平速度 v_0 射入细棒下端，求细棒和子弹开始一起运动时的角速度。

解　由于子弹射入细棒的时间极短，因此，可以近似地认为在这一过程中，细棒仍然处于竖直的位置。对于子弹和细棒所组成的系统（也就是研究对象）在子弹射入细棒的过程中，系统所受的外力（重力和轴的支持力等）对转轴 O 的力矩都为零。根据角动量守恒定律，系统对于 O 轴的角动量守恒。

设系统开始的速度和角速度分别为 v 和 ω，且已知细棒对转轴 O 的转动惯量为

$$J = \frac{1}{3}ML^2$$

根据角动量守恒定律，则

$$mv_0 L = \left(\frac{1}{3}ML^2 + mL^2\right)\omega$$

于是

$$\omega = \frac{3mv_0}{(3m+M)L}$$

5.4　转动中的功和能

5.4.1　力矩的功

由于刚体在转动过程中各质元相对位置不变，系统内力不做功，因此，我们只需考虑外力做功的情况。而又因为平行于转轴的力不做功，所以，我们只须考虑作用在质元 Δm_i 上且在转动平面内的外力即可，如图 5.11 所示。

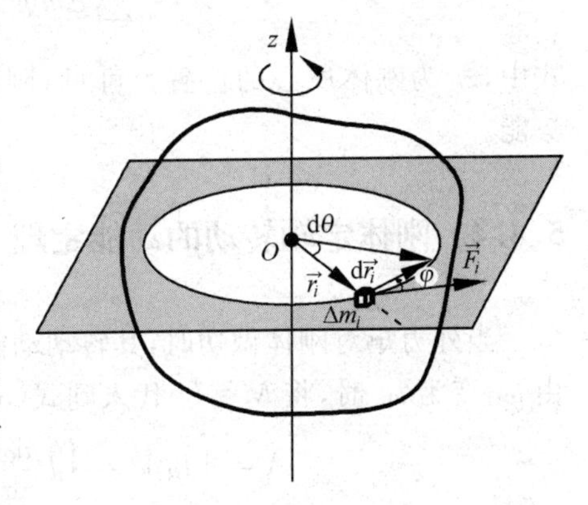

图 5.11　力矩的功

当刚体绕转轴的角位移为 $\mathrm{d}\theta$ 时，质元 Δm_i 的位移为 $\mathrm{d}\vec{r}_i$，则力 $\vec{F}_i$ 做的元功为

$$\mathrm{d}A_i = \vec{F}_i \cdot \mathrm{d}\vec{r}_i = F_i r_i \cos\varphi_i \mathrm{d}\theta = M_i \mathrm{d}\theta \quad (5.14)$$

其中 φ_i 为 $\vec{F}_i$ 与 $\mathrm{d}\vec{r}_i$ 之间的夹角，如图所示，$\mathrm{d}\vec{r}_i \perp \vec{r}_i$，因此 $M_i = F_i r_i \cos\varphi_i$ 就是力 $\vec{F}_i$ 对转轴的力矩，那么，对于有限的角位移，合外力 $\vec{F}$ 做的功则为

$$A = \sum A_i = \sum \int_{\theta_1}^{\theta_2} M_i \mathrm{d}\theta = \int_{\theta_1}^{\theta_2} \sum M_i \mathrm{d}\theta = \int_{\theta_1}^{\theta_2} M \mathrm{d}\theta \quad (5.15)$$

该式就是在刚体转动中做功的特殊表示形式，称为**力矩的功**，式中 $M = \sum M_i$ 为刚体所受合外力矩。

力矩的功率表达式为

$$P = \frac{\mathrm{d}A}{\mathrm{d}t} = M\frac{\mathrm{d}\theta}{\mathrm{d}t} = M\omega \quad (5.16)$$

5.4.2　刚体定轴转动的动能

刚体作定轴转动时，除转轴上的质元外，其余质元 Δm_i 都作圆周运动。这些质元动能之和就是刚体的转动动能，即

$$E_k = \sum_i E_{ki} = \frac{1}{2}\sum_i \Delta m_i v_i^2 \tag{5.17}$$

将 $v_i = r_i\omega$ 代入上式,则

$$E_k = \frac{1}{2}\sum_i \Delta m_i r_i^2 \omega^2 = \frac{1}{2}\omega^2 \sum_i \Delta m_i r_i^2 \tag{5.18}$$

式中,$\sum_i \Delta m_i r_i^2$ 即为刚体的**转动惯量**,则刚体的转动动能可表示为

$$E_k = \frac{1}{2}J\omega^2 \tag{5.19}$$

其中 ω 为刚体转动的角速度。

5.4.3 刚体的重力势能

刚体的重力势能等于各个质元重力势能的和。以地面 $z=0$ 为势能零点位置,则高度为 z_i 处的质元 Δm_i 重力势能为

$$E_{ip} = \Delta m_i g z_i$$

则刚体的重力势能为

$$E_p = \sum \Delta m_i g z_i = mg\left(\frac{\sum \Delta m_i z_i}{m}\right) = mgz_C \tag{5.20}$$

式中,z_C 为刚体质心的位置。可见,刚体的重力势能等于刚体质量集中于质心时的重力势能。

5.4.4 刚体定轴转动的动能定理

当外力矩对刚体做功时,其转动动能就会发生变化。当外力矩对刚体做功后,其角速度由 ω_1 变为 ω_2 时,将 $M=J\alpha$ 代入到式(5.15),即

$$A = \int J\alpha \mathrm{d}\theta = \int J\frac{\mathrm{d}\omega}{\mathrm{d}t}\mathrm{d}\theta = \int_{\omega_1}^{\omega_2} J\omega \mathrm{d}\omega = \frac{1}{2}J\omega_2^2 - \frac{1}{2}J\omega_1^2 \tag{5.21}$$

上式表明,刚体绕定轴转动时,所受合外力矩做的功等于其转动动能的增量,称为刚体定轴转动的**动能定理**。

5.4.5 刚体定轴转动的机械能守恒定律

刚体在运动过程中,如果只有保守力做功,则系统的机械能守恒,即

$$\frac{1}{2}J\omega^2 + mgz_C = 常数 \tag{5.22}$$

例 5.5 细杆质量 m、长 L、对 O 轴的转动惯量 $J=mL^2/3$,开始时水平静止,O 轴光滑,求杆下摆 θ 角时,ω 是多少。

解 杆—地球系统中,只有保守力做功,所以,$E_p+E_k=$常数。

令水平位置 $E_p=0$,则有

图 5.12 例 5.5 用图

$$-mg\cdot\frac{L}{2}\sin\theta+\frac{1}{2}\cdot\frac{1}{3}mL^2\cdot\omega^2=0$$

$$\omega=\sqrt{\frac{3g\sin\theta}{L}}$$

*5.5 刚体的平面平行运动

如果刚体在运动中,其所有质元的运动都平行于某一平面,则该运动称为平面平行运动。前面所讲的刚体的定轴转动属于平面平行运动的一种特殊形式。常见的平面平行运动有圆柱体、球体等轴对称的刚体在平面上的滚动。刚体的平面平行运动通常可以分解为随质心的平动和绕垂直于运动平面且过质心的轴的转动。因此,刚体作平面平行运动的动力学方程就是质心运动定理和绕过质心轴的转动定理,即

$$\vec{F}=m\vec{a}_C \tag{5.23}$$

$$M_C=J_C\alpha \tag{5.24}$$

其中,M_C 是刚体所受对过质心轴的合外力矩;J_C 是绕质心轴的转动惯量。上述方程再配合以必要的约束条件,就可以确定刚体的平面平行运动了。

刚体作平面平行运动时,其动能可以看作随质心平动的动能 $\frac{1}{2}mv_C^2$ 和绕质心轴转动的动能 $\frac{1}{2}J_C\omega^2$ 之和,即

$$E_k=\frac{1}{2}mv_C^2+\frac{1}{2}J_C\omega^2 \tag{5.25}$$

式(5.24)和式(5.25)的理论证明可参见后面所列参考书。

例 5.6 均匀圆柱体沿斜面从顶端由静止开始无滑动地滚下(图 5.13)。求圆柱体滚到斜面最低处时,质心的速度和滚动的角速度。

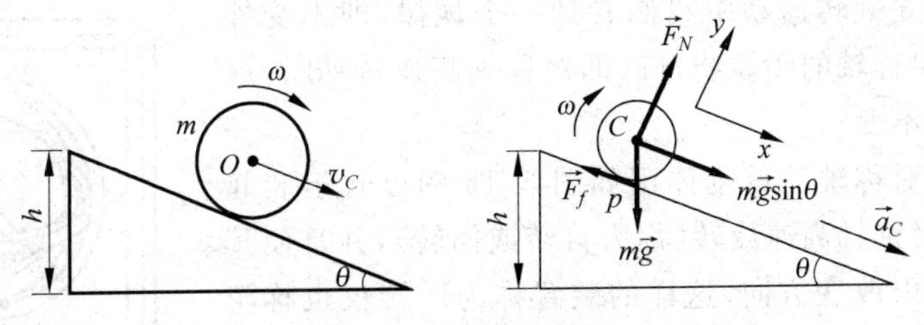

图 5.13　例 5.6 用图

解 这是一个平面平行运动。所谓无滑动滚动(纯滚动)是指任意时刻接触点 P 相对斜面瞬时静止的滚动,满足运动学条件:

$$v_C=R\omega,\quad a_C=R\alpha$$

质心运动方程

$$mg\sin\theta-F_f=ma_C$$

转动定律

$$F_fR=J_C\alpha$$

其中 $J_C=\frac{1}{2}mR^2$,求出加速度,再考虑初始条件,最后可解得

$$v_C=\sqrt{\frac{4}{3}gh},\quad \omega=\frac{1}{R}\sqrt{\frac{4}{3}gh}$$

*5.6 进动

进动是自转物体的自转轴又绕着另一轴旋转的现象，又可称作旋进。常见的例子是陀螺。一个玩具陀螺，在未转动时，它不能竖立在地面而会倾倒；当将其高速旋转时，它便可以竖立地绕对称轴旋转而不会倾倒，或者自转轴(即对称轴)发生倾斜而绕竖直轴回旋，也不会倾倒，后者就是进动。如图 5.14 所示。

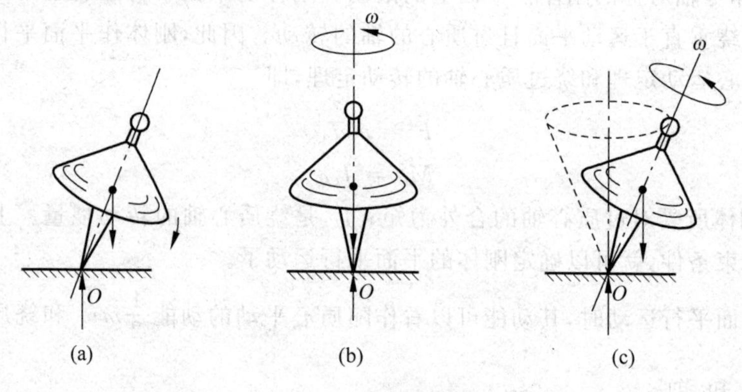

图 5.14 陀螺进动

当陀螺竖立旋转时，它所受的外力(重力与地面支持力)都沿着自转轴，外力对定点 O 的力矩为零，此时，陀螺的角动量守恒。因为 $L=J\omega$，它对定点 O 的角动量$\vec{L}$沿着转轴，且与$\vec{\omega}$同向。因为角动量守恒也就导致了$\vec{\omega}$不变，即转轴方向不变，角速度的大小也不变。这就是说，在不受外力矩时，陀螺将保持它的转轴方向(在惯性系中)不变，始终保持竖立旋转。

由陀螺的竖立旋转运动中我们看到一个规律，即不受外力矩作用时，有对称轴的刚体绕自己的对称轴高速转动时，可以保持转轴方向不变。

将一个具有对称轴的重刚体用如图 5.15 的方式组装起来，使它能够绕对称轴高速旋转(称为自转或回转)，并且使其对称轴也可以自由改变方向，这样的装置称为回转仪也称陀螺(玩具陀螺就是最简单的回转仪)。由上面的讨论可知，当不受外力矩时，回转仪的高速旋转的刚体可以保持自转轴方向不变。这是回转仪定向的特性。

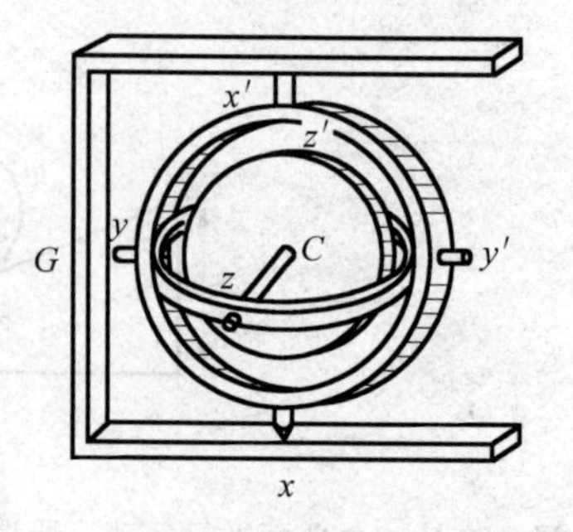

图 5.15 回转仪

定向仪器的用途十分重要。人们在日常生活中可以根据重力作用感知竖直方向，但是飞行员在飞机作急速的爬高、俯冲、侧滚运动时，却会由于惯性力作用发生错觉，把惯性力与重力合力的方向当成竖直方向，因此，单凭飞行员的感觉来掌握飞机的俯仰角度与转弯角度就不很可靠了。定向仪可以不受飞机运动的影响指示地平面的方向，飞行员就可以根据飞机相对于定向仪指示的角度正确断定飞机在空中的指向。还有一类定向指示仪，其基本部分就是在常平架或类似装置上装有高速转子的回转仪，它可以稳定地指示方向。保持鱼雷作定向运动的机构与此类似。

现在再考虑陀螺的另一种运动：若陀螺的自转轴稍有倾斜，则它在绕自转轴继续转动的同时，还绕竖直轴转动，如图 5.16 所示，这种现象叫做进动。

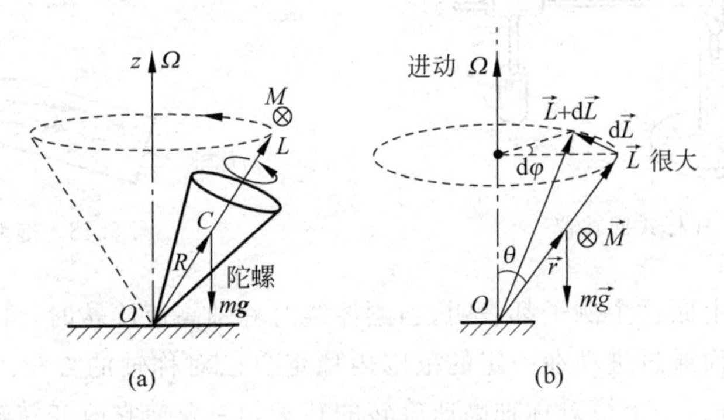

图 5.16　陀螺进动原理

陀螺在外力矩作用下的定点运动是复杂的运动，这里不作仔细的讨论，只对高速自转且外力矩不大的情形作近似的理论分析，此时，在考虑陀螺的角动量时不计它的进动，近似地认为$\vec{L}=J\vec{\omega}$，即角动量的方向看作是沿自转轴（即对称轴）的方向。

当陀螺的自转轴与竖直方向有一倾角时，且重力作用点位于自转轴上，因此，重力 $m\vec{g}$ 对 O 点的力矩$\vec{M}=\vec{r}\times m\vec{g}$的方向与自转轴垂直，即与角动量$\vec{L}$的方向垂直。由角动量定理 $\vec{M}=\dfrac{\mathrm{d}\vec{L}}{\mathrm{d}t}$可知，角动量的增量 $\mathrm{d}\vec{L}=\vec{M}\mathrm{d}t$ 也应和角动量$\vec{L}$以及重力 $m\vec{g}$垂直。对于重陀螺在高速旋转中，$\vec{L}$基本保持不变，因此，$\mathrm{d}\vec{L}$只改变$\vec{L}$的方向不改变$\vec{L}$的大小。如果我们画出不同时刻的角动量矢量，就会看到在重力矩的作用下，高速自转的重陀螺的角动量矢量的端点将围绕竖直轴作圆周运动，而角动量矢量则在空间扫出一个以定点 O 为顶点的圆锥，如图 5.16(b)所示。这也表明角动量$\vec{L}$只有方向的变化而没有大小的变化。角动量矢量是沿陀螺自转轴的，因此陀螺的自转轴（对称轴）绕竖直轴进动。

杠杆式回转仪就是一种可以表现回转效应或进动现象的回转仪，如图 5.17 所示。杠杆 AB 可绕一个固定点 O 在竖直面和水平面内转动，杆的一端装有厚重的圆盘，其对称轴方向与杆重合，圆盘可绕其对称轴高速旋转。杆的另一端装有重物 P，重物在杆上的位置可以调节。在圆盘不转时调节重物 P 的位置，使杠杆平衡，令圆盘高速自转后，稍稍移动重物 P 的位置，则看到杠杆 AB 并不倾倒，而是在水平面内转动，即回转仪的自转轴绕通过定点的竖直轴进动。对这种进动的解释和前面讨论的完全相同，只不过由于这里回转仪的初始角动量是水平方向，因而在重力的力矩作用下对称轴的进动就发生在水平面内。

下面举一个稳定炮弹运动的例子。炮弹飞行时，要受到空气阻力的作用，阻力的方向与炮弹质心运动速度方向相反，但不一定通过质心，这个阻力对质心的力矩会使炮弹头翻转（可看作是在质心系中的定点运动），影响炮弹的飞行。但是，如果能使炮弹飞行时还绕它的对称轴高速旋转（这就是使炮弹成为一个回转仪），则阻力矩的作用只能使炮弹的对称轴绕飞行轨道作偏离不大的进动，从而保证了炮弹飞行的稳定（见图 5.18）。因此，所有的枪炮筒内都装有螺旋式的来复线,以使枪弹或炮弹在射出时能够高速地自转。

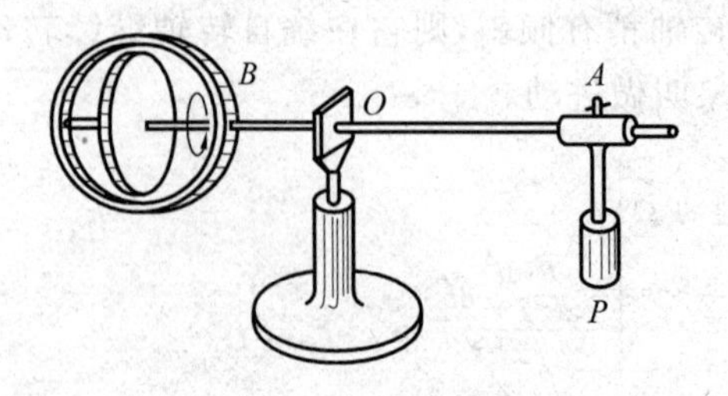

图 5.17 杠杆式回转仪

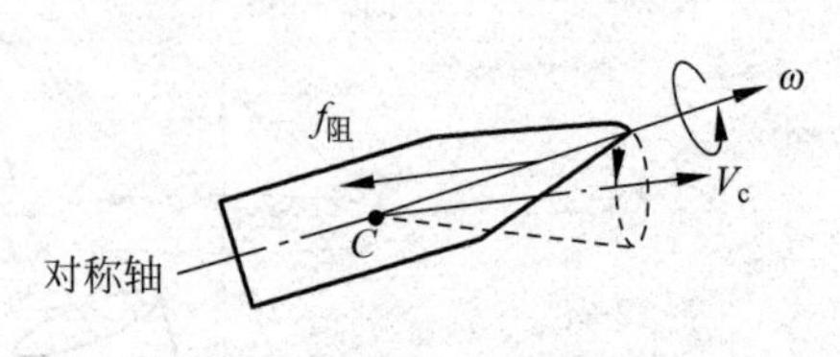

图 5.18 炮弹的进动

陀螺的运动和上面这个例子都表明,当刚体绕对称轴高速旋转时,可以不"屈服"于外力矩使之翻转的作用而通过进动在一定的范围内稳定自己对称轴的方位。自转转速越大,稳定性越好。另一方面,一个绕对称轴高速旋转的转子如果要使它改变转轴的方向,必须施加足够的外力矩才能使角动量矢量转向(注意应使外力矩方向和角动量增量的方向一致)。对于定轴转动的转子,这个外力矩要靠轴承来施加,因此轴承要受到很大的反作用力,当轮船转向时,轮船上的涡轮机的轴承就会受到很大的反作用力,在设计时必须考虑,这也可以说是回转效应不利的一面。

在讨论微观世界的运动时,也要研究例如原子中的电子绕核运动的角动量以及电子自旋角动量在外磁场作用下的进动,并由此解释原子的光谱线在磁场中分裂的现象,因此陀螺进动的概念在研究微观世界中分子、原子的运动时也是有用的。

第6章

振　动

物体在一定的平衡位置附近所作的往复运动，称为机械振动，简称振动。我们生活当中到处都有振动，比如人挑的担子、摆动的秋千、起伏的跳板、发动机里往复运动的活塞等。

6.1　简谐运动的描述

6.1.1　简谐运动

质点运动时，如果离开平衡位置的位移 x（或角位移 θ）按正弦或余弦规律随时间变化，这种运动就叫简谐运动，即

$$x = A\cos(\omega t + \varphi_0) \tag{6.1}$$

该式称为简谐运动方程。其中，A 称为简谐运动的**振幅**，它代表振子离开平衡位置的最大距离；$(\omega t+\varphi_0)$ 称为简谐运动的相位，φ_0 代表 $t=0$ 时刻的相位，称为初相。ω 叫简谐运动的**角频率或圆频率**。

在一切振动中，最简单和最基本的振动是简谐振动。复杂的振动可以看成是若干个简谐振动合成的结果。

6.1.2　简谐振动的特征及其表达式

在光滑的水平面上，一个劲度系数为 k 的轻质弹簧一端固定，另一端系一质量为 m 的物体。当弹簧是原长时，振子所受的合力为零，此时振子处于平衡状态。若将物体向右移动一段距离后释放，物体在弹簧弹性力的作用下，于平衡位置附近做往复运动，这一弹簧与物体构成的系统称为**弹簧振子**，如图 6.1 所示。

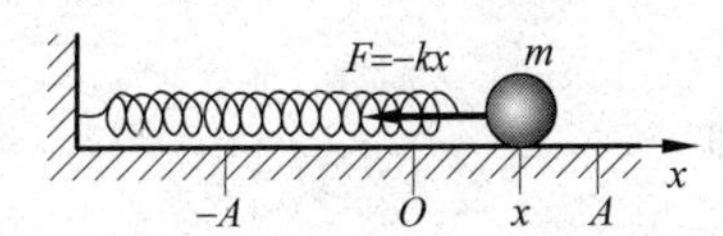

图 6.1　弹簧振子的简谐运动

在图 6.1 中，以弹簧振子运动的方向为 x 轴，取其平衡位置为原点，那么根据胡克定律可知，当振子离开平衡位置的位移为 x 时，则

$$F = -kx \tag{6.2}$$

式中，负号表示弹性力与位移的方向相反，劲度系数 k 的大小取决于弹簧的固有性质(材料、形状、大小等)。由牛顿第二定律，得

$$m\frac{\mathrm{d}^2x}{\mathrm{d}t^2}=-kx$$

令 $\omega^2=\dfrac{k}{m}$，上式可以写作

$$\frac{\mathrm{d}^2x}{\mathrm{d}t^2}+\omega^2x=0 \tag{6.3}$$

其中，ω 取决于弹簧的劲度系数和振子的质量。其解为

$$x=A\cos(\omega t+\varphi_0)$$

其中，A 与 φ_0 为积分常数。由此可见，弹簧振子的振动为简谐振动，弹簧振子就是一种简谐振子。式(6.3)称作简谐运动的动力学方程。

简谐振动系统的角频率取决于振动系统自身的性质，因此也叫做固有频率。例如：弹簧振子的固有频率 $\omega=\sqrt{\dfrac{k}{m}}$，单摆的固有频率 $\omega=\sqrt{\dfrac{g}{l}}$。

简谐运动的角频率和周期 T 之间的关系是

$$T=\frac{2\pi}{\omega} \tag{6.4}$$

单位时间完成全振动的次数，称为**频率** ν，它等于周期的倒数，因而有

$$\omega=2\pi\nu \tag{6.5}$$

因此，式(6.1)还可以写成

$$x=A\cos\left(\frac{2\pi}{T}t+\varphi_0\right)=A\cos(2\pi\nu t+\varphi_0) \tag{6.6}$$

周期 T 的单位是 s，频率 ν 的单位是 Hz 或 s^{-1}，角频率 ω 的单位是 $\mathrm{rad\cdot s^{-1}}$ 或 s^{-1}。

对于一个简谐振动，如果知道了 A、ω 和 φ_0，就能写出它的简谐运动方程。

单摆的小角度摆动也满足简谐振动的特征，如图 6.2 所示。设摆球质量为 m，摆长为 l。摆球受重力及悬线拉力的合力作用，摆动中相对于悬线竖直位置的角位移为 θ。重力的切向分力 f_t 指向 $\theta=0$ 的平衡位置(因为 θ 很小)，因为 $\sin\theta\approx\theta$，切向力可写为

$$f_t=-mg\theta \tag{6.7}$$

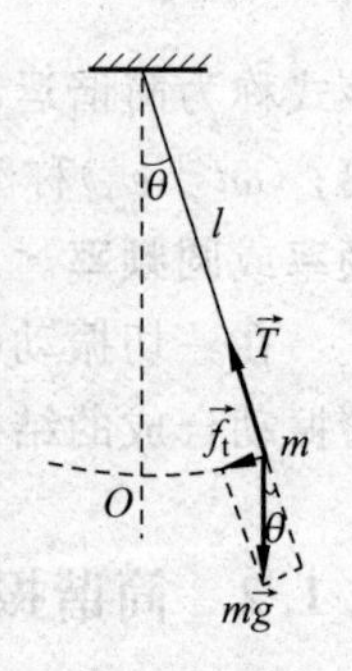

图 6.2 单摆

负号表示切向分力 f_t 与角位移反向。根据牛顿第二定律，可得

$$m\frac{\mathrm{d}^2(l\theta)}{\mathrm{d}t^2}=-mg\theta \tag{6.8}$$

即

$$\frac{\mathrm{d}^2\theta}{\mathrm{d}t^2}=-\frac{g}{l}\theta \tag{6.9}$$

角频率为

$$\omega=\sqrt{\frac{g}{l}}$$

式(6.9)可写为

$$\frac{\mathrm{d}^2\theta}{\mathrm{d}t^2}+\omega^2\theta=0 \tag{6.10}$$

上式即为单摆的简谐运动的动力学方程。其周期为

$$T=\frac{2\pi}{\omega}=2\pi\sqrt{\frac{l}{g}}$$

它的解可表示为

$$\theta=\Theta\cos(\omega t+\varphi_0)$$

其中，Θ 为角振幅，φ_0 为初相位，它们均由初始条件决定。

6.1.3　简谐运动的速度和加速度

将式(6.1)对时间求导，可得质点简谐运动的速度

$$v=\frac{\mathrm{d}x}{\mathrm{d}t}=-\omega A\sin(\omega t+\varphi_0)=\omega A\cos\left(\omega t+\varphi_0+\frac{\pi}{2}\right) \tag{6.11}$$

以及加速度

$$a=\frac{\mathrm{d}^2x}{\mathrm{d}t^2}=-\omega^2 A\cos(\omega t+\varphi_0)=\omega^2 A\cos(\omega t+\varphi_0+\pi) \tag{6.12}$$

由式(6.12)和式(6.1)可得

$$a=\frac{\mathrm{d}^2x}{\mathrm{d}t^2}=-\omega^2 x \tag{6.13}$$

可见，简谐运动的加速度与位移成正比而方向相反。

图 6.3 画出了位移、速度和加速度随时间变化的曲线，为简单起见，图中取 $\varphi_0=0$。

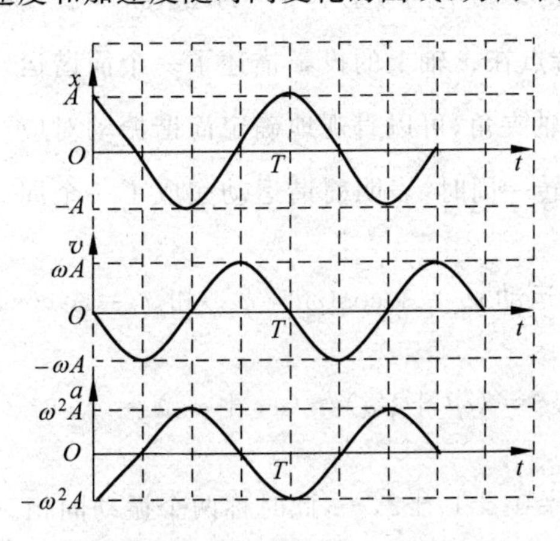

图 6.3　简谐运动的位移、速度和加速度曲线

另外，在 $t=0$ 时，质点的初位移为 x_0，初速度为 v_0，代入式(6.1)和式(6.11)，可得

$$x_0=A\cos\varphi_0,\quad v_0=-\omega A\sin\varphi_0 \tag{6.14}$$

由此两式解出

$$A=\sqrt{x_0^2+\frac{v_0^2}{\omega^2}} \tag{6.15}$$

$$\tan\varphi_0 = -\frac{v_0}{\omega x_0} \tag{6.16}$$

位移 x_0 与速度 v_0 称为初始条件。由此,可确定简谐运动的特征量 A 和 φ_0。

例 6.1 一质点的振动表达式为 $x=0.01\cos\left(4\pi t+\frac{\pi}{3}\right)$m,求此振动的振幅、周期、初相、速度最大值和加速度最大值。

解 比较式(6.1)可得 $A=0.01$m,初相位为 $\varphi_0=\frac{\pi}{3}$,由角频率 $\omega=4\pi$,可得周期

$$T=\frac{2\pi}{\omega}=\frac{2\pi}{4\pi}=0.5\text{s}$$

由速度公式(6.11),可知速度的最大值为

$$v_{\max}=\omega A=0.01\times 4\pi=0.126\text{m/s}$$

由加速度公式(6.12),可知加速度的最大值为

$$a_{\max}=\omega^2 A=(4\pi)^2\times 0.01=1.58\text{m/s}^2$$

6.2 简谐运动的旋转矢量表示

简谐运动除了用余弦函数表示以外,还可以用一种较为直观的几何方法描述,即——旋转矢量法。

设某一简谐振动的振幅为 A,角频率为 ω,初相位为 φ_0。取一矢量 $\vec{A}$,其模为振幅 A,该矢量以角速度 ω 在平面上绕 O 点作逆时针转动,如图 6.4 所示。$t=0$ 时,$\vec{A}$ 矢量与 x 轴的夹角为 φ_0;任意时刻 t,$\vec{A}$ 矢量与 x 轴的夹角为 $\omega t+\varphi_0$,则 $\vec{A}$ 矢量在 x 轴上的投影为 $x=A\cos(\omega t+\varphi_0)$。由此可见,旋转矢量 $\vec{A}$ 的端点在 x 轴上的投影描述了一个简谐运动。因此通过 $\vec{A}$ 矢量和 x 轴夹角,可以直观地确定简谐振动对应的相位。当旋转矢量 $\vec{A}$ 旋转一周时,表明简谐运动完成了一个周期的运动。

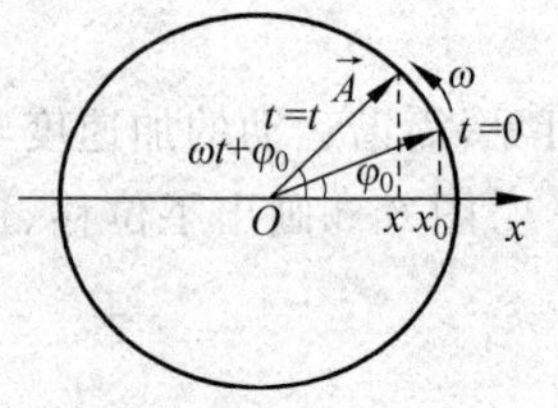

图 6.4 旋转矢量图

对于两个同频率简谐运动 $x_1=A_1\cos(\omega t+\varphi_{01})$ 和 $x_2=A_2\cos(\omega t+\varphi_{02})$ 在任意时刻的相位差

$$\Delta\varphi=(\omega t+\varphi_{02})-(\omega t+\varphi_{01})=\varphi_{02}-\varphi_{01} \tag{6.17}$$

其中,有两种特殊情况:

(1) 如果 $\Delta\varphi=2k\pi, k=0,\pm1,\pm2,\cdots$,此时称两个振动同相。从旋转矢量图上看,矢量 $\vec{A}_1$ 和 $\vec{A}_2$ 始终保持同向。

(2) 如果 $\Delta\varphi=(2k+1)\pi, k=0,\pm1,\pm2,\cdots$,此时称两个振动反相。旋转矢量图上看,矢量 $\vec{A}_1$ 和 $\vec{A}_2$ 始终保持反向。

以后我们还会发现在讨论振动合成等问题时用旋转矢量法会更方便。

例 6.2 某简谐振动的 x-t 图,如图 6.5(a)所示。试画出 t_1 和 t_2 时刻的旋转矢量图。

解 以振幅 A 为旋转矢量长度,旋转矢量图与简谐振动 x-t 图的关系如图 6.5(b)所示。过 P_1 点作

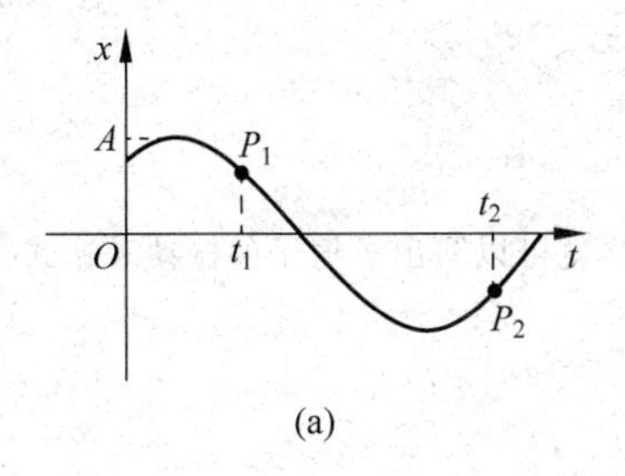

(a)

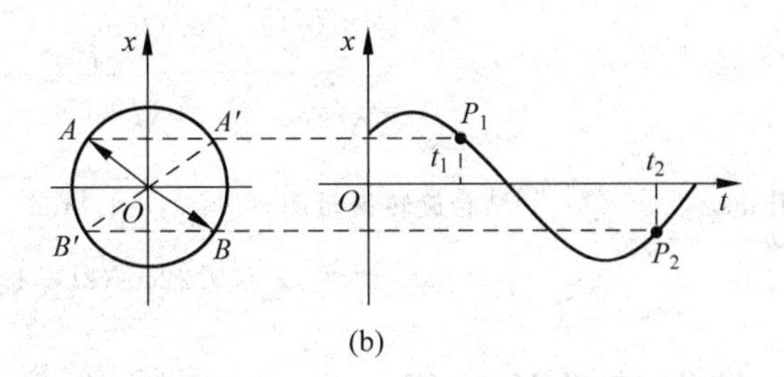

(b)

图 6.5　例 6.2 用图

与 t 轴的平行线，交旋转矢量图于 A、A' 两点，由于下一时刻 P_1 点向平衡位置方向运动，而旋转矢量 $\overrightarrow{OA}$ 的端点在 x 轴投影的运动趋势是向平衡位置运动，$\overrightarrow{OA'}$ 的端点在 x 轴投影的运动趋势是向振幅最大值处运动，故 $\overrightarrow{OA}$ 在旋转矢量图上位置与振动曲线上的 P_1 点相对应。与此相似，t_2 时刻，旋转矢量运动至 $\overrightarrow{OB}$。

例 6.3　某简谐振动的振动曲线如图 6.6 所示，请写出振动表达式。

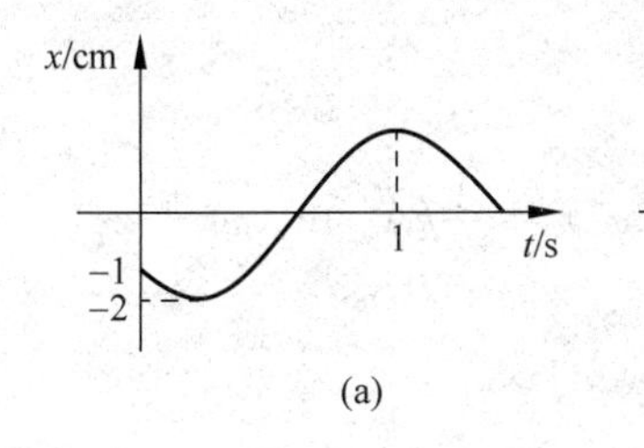

(a)

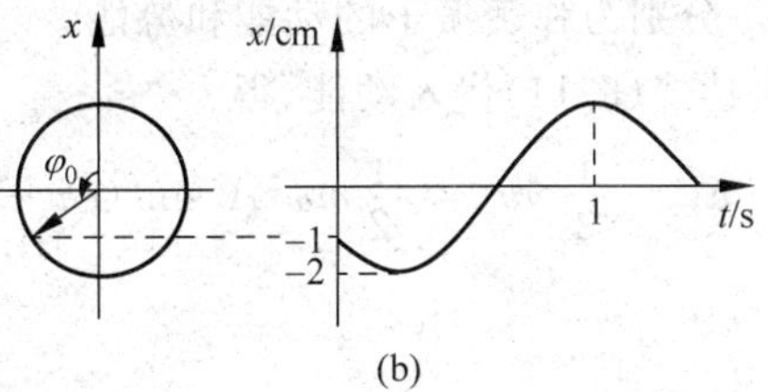

(b)

图 6.6　例 6.3 用图

解　设振动表达式为

$$x = A\cos(\omega t + \varphi_0)$$

由振动曲线知 $A=2\text{cm}$，作旋转矢量图可知，$t=0$ 时，$\varphi_0 = \frac{2}{3}\pi$；$t=1\text{s}$ 时，相位 $\varphi=2\pi$。所以

$$\omega = \frac{\varphi - \varphi_0}{\Delta t} = \frac{2\pi - 2\pi/3}{1} = \frac{4\pi}{3}\text{s}^{-1}$$

综上，得

$$x = 2\cos\left(\frac{4\pi}{3}t + \frac{2}{3}\pi\right)\text{cm}$$

例 6.4　如图 6.7 所示，有一个水平弹簧振子，弹簧的劲度系数 $k=20\text{N/m}$，振子的质量 $m=5\text{kg}$，振子静止在平衡位置上。设以一水平恒力 $F=10\text{N}$ 向左作用于物体（不计摩擦），使之由平衡位置向左运动了 0.05m，此时撤去力 F，并开始计时，求物体的振动表达式。

图 6.7　例 6.4 用图

解　取平衡位置为坐标原点，振动表达式为

$$x = A\cos(\omega t + \varphi_0)$$

其中

$$\omega = \sqrt{\frac{k}{m}} = \sqrt{\frac{20}{5}} = 2\text{rad/s}$$

因为弹簧振子仅受一水平向左的恒力 F，所以有

$$F \mid x_0 \mid = \frac{1}{2}kx_0^2 + \frac{1}{2}mv_0^2$$

可得

$$v_0 = \sqrt{0.19} = 0.436\text{m/s}$$

$$A = \sqrt{x_0^2 + \frac{v_0^2}{\omega^2}} = \sqrt{0.05^2 + \frac{0.19}{4}} = 0.22\text{m}$$

再利用 $\tan\varphi_0 = -\frac{v_0}{\omega x_0}$,并结合旋转矢量图,可得 $\varphi_0 = 1.8\text{rad}$。这样就可以写出求振子的振动表达式为

$$x = 0.22\cos(2t + 1.8)\text{m}$$

6.3 简谐运动的能量

由于在弹簧振子系统中,物体所受的弹性力是保守力,所以系统的机械能是守恒的。弹簧振子的总能量为

$$E = E_k + E_p = \frac{1}{2}mv^2 + \frac{1}{2}kx^2 \tag{6.18}$$

其中,E_k 和 E_p 分别为弹簧振子的动能和势能。

将速度表达式(6.11)代入动能,得

$$E_k = \frac{1}{2}mv^2 = \frac{1}{2}m\omega^2 A^2 \sin^2(\omega t + \varphi_0) = \frac{1}{2}kA^2 \sin^2(\omega t + \varphi_0) \tag{6.19}$$

其中,$\omega^2 = \frac{k}{m}$。

将位移表达式(6.1)代入势能,得

$$E_p = \frac{1}{2}kx^2 = \frac{1}{2}kA^2\cos^2(\omega t + \varphi_0) \tag{6.20}$$

则弹簧振子的总能量为

$$E = E_k + E_p = \frac{1}{2}kA^2 \tag{6.21}$$

即弹簧振子的总能量决定于劲度系数和振幅。总能量与振幅的平方成正比,这是简谐振动的一个基本特征。

图 6.8 表示弹簧振子的动能、势能随时间变化曲线(图中设 $\varphi_0 = 0$),为了便于与位移随时间变化相比较,在上面画出了振动曲线 x-t 图,从图中可见动能和势能的变化频率是弹簧振子频率的两倍,但总能量不随时间改变。

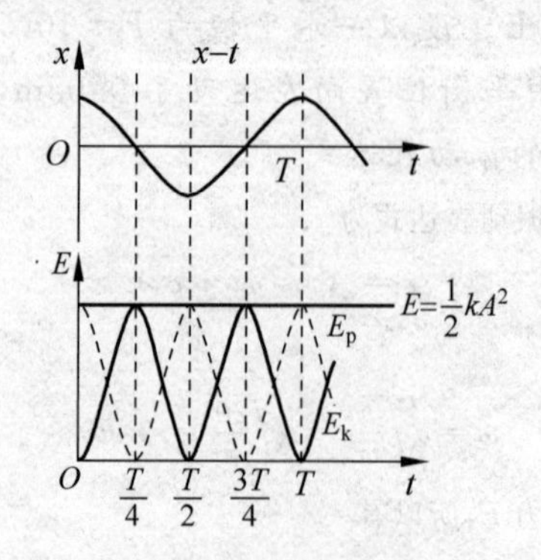

图 6.8 简谐振动系统的动能、势能随时间变化曲线

在此，需要注意的第一点是这一结论对其他简谐运动系统也成立；第二点，当弹簧振子竖直悬挂时，势能为弹性势能与重力势能之和。

下面是动能和势能在一个周期时间内的平均值，其结果为

$$\begin{aligned}\bar{E}_k &= \frac{1}{T}\int_0^T E_k \mathrm{d}t = \frac{1}{2}kA^2\ \frac{1}{T}\int_0^T \sin^2(\omega t + \varphi_0)\mathrm{d}t \\ &= \frac{1}{2}kA^2\ \frac{1}{T}\int_0^T \frac{1}{2}[1 - \cos 2(\omega t + \varphi_0)]\mathrm{d}t = \frac{1}{4}kA^2\end{aligned} \tag{6.22}$$

$$\begin{aligned}\bar{E}_p &= \frac{1}{T}\int_0^T E_p \mathrm{d}t = \frac{1}{2}kA^2\ \frac{1}{T}\int_0^T \cos^2(\omega t + \varphi_0)\mathrm{d}t \\ &= \frac{1}{2}kA^2\ \frac{1}{T}\int_0^T \frac{1}{2}[1 + \cos 2(\omega t + \varphi_0)]\mathrm{d}t = \frac{1}{4}kA^2\end{aligned} \tag{6.23}$$

例 6.5　质量 $m=10\mathrm{kg}$ 的小球与轻弹簧组成的振动系统，按

$$x = 0.005\cos\left(8\pi t + \frac{\pi}{3}\right)\mathrm{m}$$

的规律作简谐振动，求：

(1) 振动的能量；

(2) 平均动能和平均势能。

解　(1) 振动的能量为

$$E = \frac{1}{2}m\omega^2 A^2 = 7.90 \times 10^{-2}\mathrm{J}$$

(2) 平均动能和平均势能

$$\bar{E}_k = \bar{E}_p = \frac{1}{4}m\omega^2 A^2 = 3.95 \times 10^{-2}\mathrm{J}$$

6.4　两个简谐振动的合成

6.4.1　同方向同频率简谐运动的合成

实际情况中，经常会遇到几个简谐运动的合成。例如，弦乐器弦上各个点的运动就是两个同方向的同频率的简谐运动的合成。假设某点参与的两个同方向、同频率的简谐运动的表达式分别为

$$x_1 = A_1\cos(\omega t + \varphi_{01})$$
$$x_2 = A_2\cos(\omega t + \varphi_{02})$$

图 6.9 为两个简谐运动的矢量合成图，$\vec{A}$ 是 $\vec{A}_1$ 与 $\vec{A}_2$ 的矢量和，$\vec{A}$ 在 x 轴上的投影为 $x=x_1+x_2$，因此 $\vec{A}$ 就是合运动的振幅矢量。由于 $\vec{A}_1$ 与 $\vec{A}_2$ 以相同的角频率 ω 逆时针转动，故它们之间的夹角保持恒定，于是合矢量 $\vec{A}$ 的大小也保持恒定，并以同样的角频率 ω 逆时针旋转。这表示两个同方向、同频率的简谐运动的合运动仍是一个角频率为 ω 的简谐运动，合运动表达

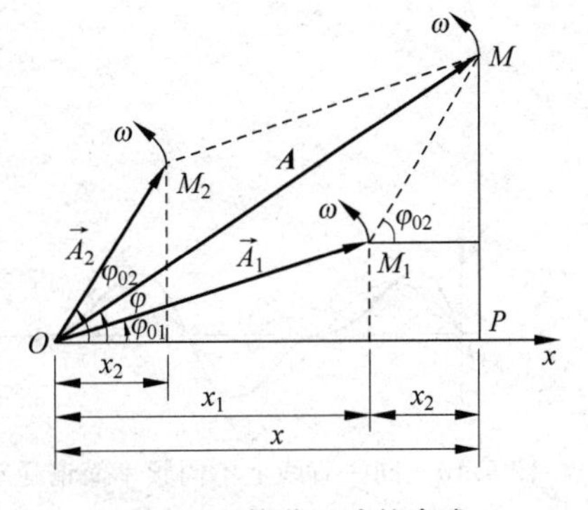

图 6.9　简谐运动的合成

式为

$$x = A\cos(\omega t + \varphi_0) \tag{6.24}$$

其中 A 和 φ_0 分别为合运动的振幅和初相。对图 6.9 中矢量合成三角形运用余弦定理,可得合振幅

$$A = \sqrt{A_1^2 + A_2^2 + 2A_1A_2\cos(\varphi_{02} - \varphi_{01})} \tag{6.25}$$

合运动的初相位

$$\tan\varphi = \frac{A_1\sin\varphi_{01} + A_2\sin\varphi_{02}}{A_1\cos\varphi_{01} + A_2\cos\varphi_{02}} \tag{6.26}$$

由式(6.25)可知,合运动的振幅与两个分运动的振幅和相位差 $\varphi_{02}-\varphi_{01}$ 有关。合振动有两种特殊情况:

(1) 相位差 $\varphi_{02}-\varphi_{01}=2k\pi, k=0,\pm1,\pm2,\cdots$,于是,$A=\sqrt{A_1^2+A_2^2+2A_1A_2}=A_1+A_2$,此时合振幅最大。

(2) 相位差 $\varphi_{02}-\varphi_{01}=(2k+1)\pi, k=0,\pm1,\pm2,\cdots$,则 $A=\sqrt{A_1^2+A_2^2-2A_1A_2}=|A_1-A_2|$,此时合振幅最小。

当 $\varphi_{02}-\varphi_{01}$ 取其他值时,$|A_1-A_2|<A<A_1+A_2$。

6.4.2 同方向不同频率简谐运动的合成

假设质点参与两个同方向不同频率的简谐运动,频率分别为 ω_1 和 ω_2。为简单计,设 $x_1=A\cos\omega_1 t$ 和 $x_2=A\cos\omega_2 t$,合运动的位移为

$$x = x_1 + x_2 = 2A\cos\frac{(\omega_2-\omega_1)t}{2}\cos\frac{(\omega_2+\omega_1)t}{2} \tag{6.27}$$

由此可见,合运动不再是简谐运动如图 6.10 所示。当两分运动的频率之和远远大于两分运动的频率之差时,即 $\omega_2-\omega_1\ll\omega_1+\omega_2$,该合振动振幅发生周期性的变化,如图 6.11 所示,该现象叫做拍。单位时间内合振幅加强或减弱的次数称为拍频,拍的圆频率

$$\omega_{拍} = |\omega_2 - \omega_1|$$

购买电吉他时,会配送一个小盒子,里面装的是用来调弦的定音笛,如果吉他的音不准的话,我们就可以听到拍音,调整琴弦的松紧,即可最终消除拍音。

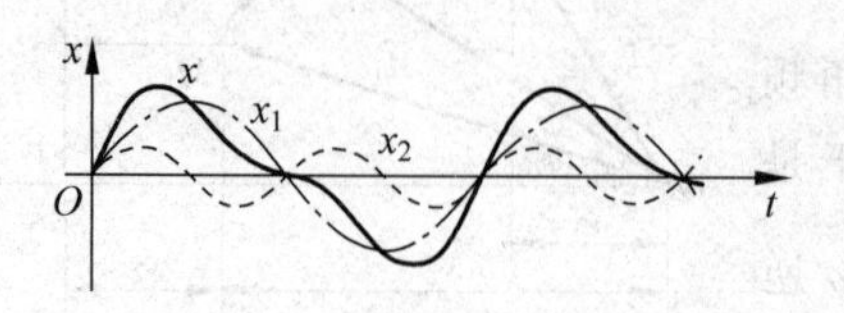

图 6.10 同一直线上不同频率简谐运动合成

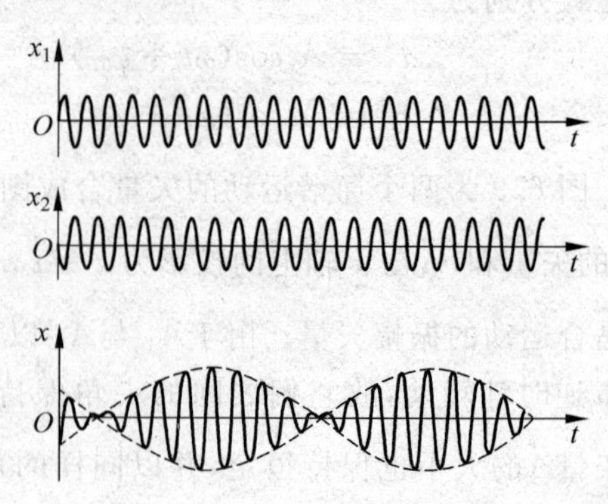

图 6.11 拍的合成

6.4.3　相互垂直的同频率简谐运动的合成

一个质点还可以同时参与两个相互垂直的振动，比如我们所做的心电向量图，示波器上显示出来的波形图等。下面我们介绍相互垂直的相同频率简谐运动的合成。

设两个简谐振动分别在 x 轴和 y 轴上进行，振动的表达式分别为

$$x = A_1\cos(\omega t + \varphi_{01}),\quad y = A_2(\cos\omega t + \varphi_{02})$$

质点既沿 x 轴又沿 y 轴运动，实际上是在 xy 平面上运动。从上面的式中消去 t，就得到合振动的轨迹方程：

$$\frac{x^2}{A_1^2} + \frac{y^2}{A_2^2} - \frac{2xy}{A_1A_2}\cos(\varphi_{02} - \varphi_{01}) = \sin^2(\varphi_{02} - \varphi_{01}) \tag{6.28}$$

这是一个椭圆轨迹方程。椭圆的形状大小及其长短轴方位由 A_1 和 A_2 以及 $\varphi_{02} - \varphi_{01}$ 所决定。

下面讨论几种特殊情况，如图 6.12 所示。

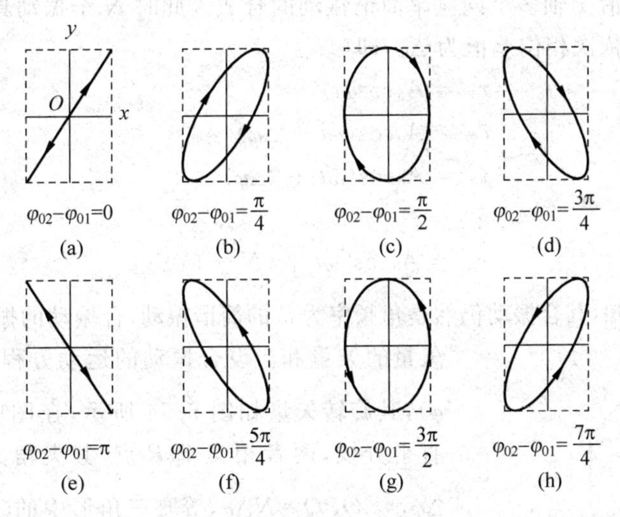

图 6.12　相互垂直的同频率简谐振动的合成

(1) $\varphi_{02} - \varphi_{01} = 0$ 时，即两个分运动同相，则 x、y 值将同时为零、同时增大、同时减小。这样质点的合运动轨迹将是一条通过原点的斜率为正值的直线段，如图 6.12(a)所示。

(2) $\varphi_{02} - \varphi_{01} = \pi$ 时，即两个分运动反相，则 x、y 值将同时为零、但一正一负地按比例增大或减小。这样质点的合运动轨迹将是一条通过原点的斜率为负值的直线段，如图 6.12(e)所示。

(3) $\varphi_{02} - \varphi_{01} = \frac{\pi}{2}$时，则 x、y 值将不可能同时为零，而是一个为零时，另一个是极大值。这样质点的合运动将是右旋的正椭圆，图 6.12(c)所示。

(4) $\varphi_{02} - \varphi_{01} = \frac{3\pi}{2}$时，质点的合运动将是左旋的正椭圆，图 6.12(g)所示。

$\varphi_2 - \varphi_1$ 为其他值时，质点的合运动轨迹将是不同角度斜置的椭圆，如图 6.12(b)、(d)、 (f)、(h)所示。

6.4.4 相互垂直的不同频率简谐运动的合成

相互垂直的不同频率简谐运动合成的结果比较复杂，合运动轨迹一般不是一个稳定的图形。但是，如果两个分运动的频率之比 $\nu_x : \nu_y$ 为简单的整数比的话，则合运动将是闭合的稳定的轨迹，这些图形称为李萨如图形。图 6.13 给出了频率之比 $\nu_x : \nu_y$ 分别为 1∶2、2∶3 和 3∶4 的三个分简谐运动合成的质点的合运动轨迹，利用李萨如图形可以通过比较两个分简谐运动的频率，从而由已知频率确定未知频率。

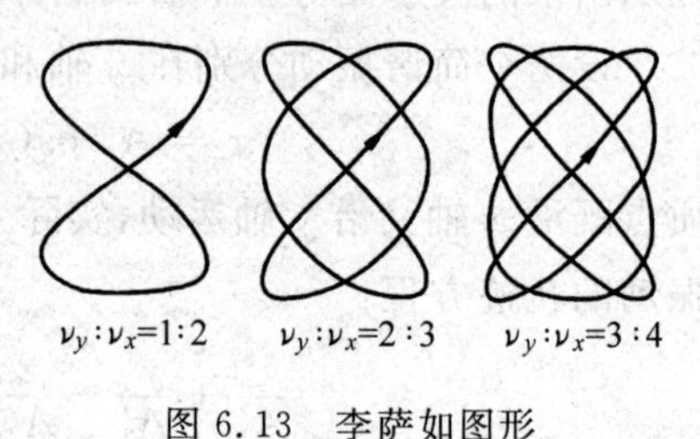

图 6.13 李萨如图形

6.4.5 多个同方向、同频率简谐振动的合成

现在我们讨论沿 x 轴多个同频率简谐振动的合成。此时 N 个振动具有相同方向、相同频率、相同振幅，且依次相位差恒为 $\Delta\varphi$，即

$$
\begin{aligned}
x_1 &= A_0\cos\omega t \\
x_2 &= A_0\cos(\omega t + \Delta\varphi) \\
x_3 &= A_0\cos(\omega t + 2\Delta\varphi) \\
&\vdots \\
x_N &= A_0\cos[\omega t + (N-1)\Delta\varphi]
\end{aligned}
$$

由旋转矢量法知，其合振动仍然是角频率为 ω 的简谐振动，合振动的振幅矢量 $\vec{A}$ 等于各分矢量的矢量和。设合振动的运动方程为 $x = A\cos(\omega t + \varphi)$，其旋转矢量如图 6.14 所示，在图中作 $\vec{A}_1$ 和 $\vec{A}_2$ 的垂直平分线，两者相交于 P 点，其夹角为 $\Delta\varphi$，则 $\angle OPB = \Delta\varphi$，$\angle OPQ = N\Delta\varphi$，等腰三角形中的 $\overline{OQ}$ 就是合振幅 $\vec{A}$ 的大小

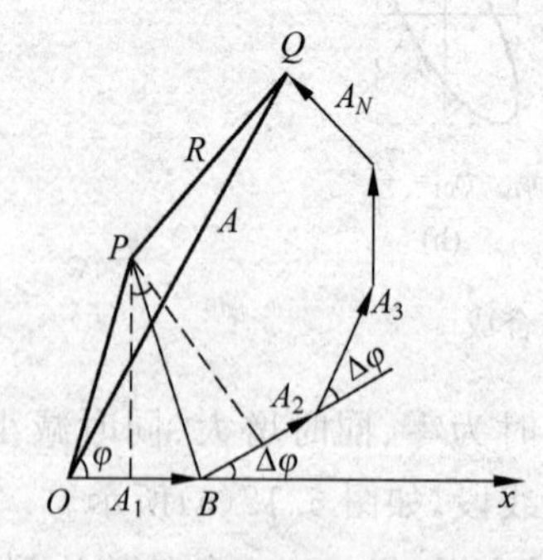

图 6.14 N 个同方向同频率的等幅简谐振动的合成

$$A = 2\,\overline{OP}\sin\frac{N\Delta\varphi}{2} \tag{6.29}$$

将 $\overline{OP} = \frac{A_0}{2}\Big/\sin\frac{\Delta\varphi}{2}$ 代入式(6.29)，得合振动的振幅大小为

$$A = A_0\sin\frac{N\Delta\varphi}{2}\Big/\sin\frac{\Delta\varphi}{2}$$

合振动的初相位

$$\varphi = \angle POB - \angle POQ = \frac{1}{2}(\pi - \Delta\varphi) - \frac{1}{2}(\pi - N\Delta\varphi) = \frac{N-1}{2}\Delta\varphi$$

故合振动的表达式为

$$x = A_0 \frac{\sin \frac{N\Delta\varphi}{2}}{\sin \frac{\Delta\varphi}{2}} \cos\left(\omega t + \frac{N-1}{2}\Delta\varphi\right)$$

6.5 阻尼振动 受迫振动 共振

前面讨论的简谐振动是一种理想状况，运动中只有弹性回复力的作用，不考虑任何阻力的存在，系统对外也没有能量交换，总的能量是守恒的，因此，振幅保持不变，我们称之为**无阻尼自由振动**。但实际振动系统总要受到阻力的作用，系统将克服阻力做功而消耗能量，当外界无能量补充时，将导致振幅不断减小，这种振幅随时间不断减小的振动称为**阻尼振动**。

6.5.1 阻尼振动

振动系统所受阻力主要来自于周围的介质（如气体、液体等）的黏滞阻力。实验表明，在振子运动速度不太大的情况下，黏滞阻力与速度大小成正比，即

$$f_r = -\gamma v = -\gamma \frac{dx}{dt} \tag{6.30}$$

其中，γ 为正的比例系数，它的大小取决于振子的形状、大小和周围介质的性质；负号表示阻力的方向与速度方向相反。

以弹簧振子为例，将其放在油或其他黏稠液体中，弹簧振子将受到黏滞阻力的作用。根据牛顿第二定律，有

$$m \frac{d^2 x}{dt^2} = -kx - \gamma \frac{dx}{dt} \tag{6.31}$$

令 $\omega_0^2 = k/m$，$\beta = \gamma/2m$，则式(6.31)为

$$\frac{d^2 x}{dt^2} + 2\beta \frac{dx}{dt} + \omega_0^2 x = 0 \tag{6.32}$$

其中，β 称为阻尼系数，表征阻尼的强弱；ω_0 是振动系统的固有角频率。

当阻尼较小时，即 $\beta < \omega_0$，这种情况称为**欠阻尼**。此时，式(6.32)的解为

$$x = A_0 e^{-\beta t} \cos(\omega t + \varphi_0) \tag{6.33}$$

其中，A_0 和 φ_0 为积分常数，由初始条件决定；$\omega = \sqrt{\omega_0^2 - \beta^2}$，称为阻尼振动的角频率。图 6.15 所示，弹簧振子阻尼振动的振幅 $A_0 e^{-\beta t}$ 随时间做指数衰减，阻尼系数 β 越大，振幅衰减越快。此时，振子的运动已不再是严格周期运动，但我们仍可以用振子沿同一方向相继通过平衡位置或位移最大值处的时间间隔 T 来表示阻尼振动的周期，即

$$T = \frac{2\pi}{\omega} = \frac{2\pi}{\sqrt{\omega_0^2 - \beta^2}} \tag{6.34}$$

与固有周期 $T = \frac{2\pi}{\omega_0}$ 相比，阻尼振动的周期变长了，说明阻尼使振动变慢。

若阻尼很大时，即 $\beta > \omega_0$，可解得

$$x = C_1 e^{-(\beta - \sqrt{\beta^2 - \omega_0^2})t} + C_2 e^{-(\beta + \sqrt{\beta^2 - \omega_0^2})t} \tag{6.35}$$

式中,C_1 和 C_2 是常数,由初始条件决定。在这种情况下,将振子偏离平衡位置而后释放,随着时间的增加,振子的位移单调地减小,已不再是周期性的往复运动。需要经过相当长的时间才能回到平衡位置停下来,我们称之为过阻尼。

若阻尼处于 $\beta=\omega_0$ 状态时,微分方程的解为

$$x=(C_1+C_2t)\mathrm{e}^{-\beta t} \tag{6.36}$$

其中,C_1 和 C_2 是常数,由初始条件决定。在这种情况下,当将振子偏离平衡位置而释放后,振子将较快地(相对于欠阻尼和过阻尼)回到平衡位置并停下来,我们称之为**临界阻尼**。

三种阻尼的比较如图 6.15 所示。

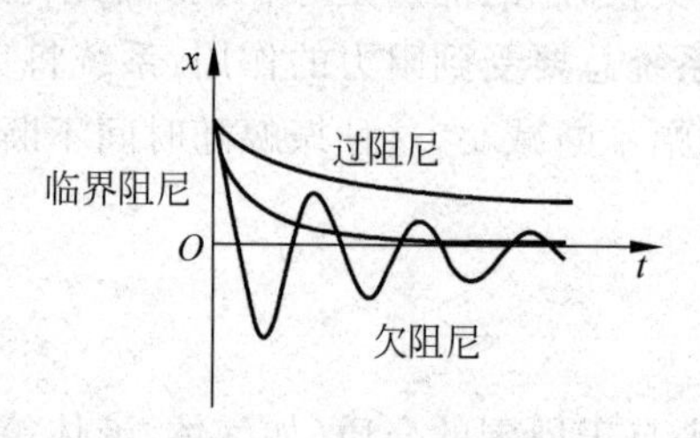

图 6.15 三种阻尼的比较

在工程技术设备中,经常通过阻尼来控制系统的振动。例如精密天平、灵敏电流计和心电图机等,在使用过程中往往希望其指针尽快到达平衡位置,设计时就会让系统处在临界阻尼状态下工作,以节约时间、便于测量。

6.5.2 受迫振动

实际的振动系统总要受到阻尼作用使振幅随时间衰减,振动最终会停止。为使振动持续下去,外界必须通过外力对系统提供能量,此时系统的振动称为**受迫振动**,这个外力称为驱动力。

设对系统施加一周期性驱动力为

$$F=F_0\cos\omega_{\mathrm{p}}t \tag{6.37}$$

其中,F_0 为驱动力的最大值;ω_{p} 为驱动力的角频率,根据牛顿第二定律,受迫振动的方程可写为

$$m\frac{\mathrm{d}^2x}{\mathrm{d}t^2}=-kx-\gamma\frac{\mathrm{d}x}{\mathrm{d}t}+F_0\cos\omega t \tag{6.38}$$

令 $\omega_0=\sqrt{\dfrac{k}{m}}$,$2\beta=\gamma/m$,$f=F_0/m$,则式(6.38)又可写为

$$\frac{\mathrm{d}^2x}{\mathrm{d}t^2}+2\beta\frac{\mathrm{d}x}{\mathrm{d}t}+\omega_0^2x=f\cos\omega_{\mathrm{p}}t \tag{6.39}$$

在欠阻尼情况下,式(6.39)的解为

$$x=A_0\mathrm{e}^{-\beta t}\cos(\omega t+\varphi)+A\cos(\omega_{\mathrm{p}}t+\psi) \tag{6.40}$$

等号右边的第一项是阻尼振动,第二项为等幅振动。一段时间后,阻尼振动项的振幅将衰减到近似为零,与此同时,外界通过驱动力对系统做功,不断对系统提供能量,如果提供的能量正好弥补了由于阻尼所引起的振动能量的损失,此时系统达到稳定状态,将以角频率 ω_{p} 作

等幅振动,即

$$x = A\cos(\omega_p t + \psi) \tag{6.41}$$

通常所说的受迫振动都是指这种欠阻尼稳定受迫振动状态。将式(6.41)代入式(6.39),就可得到系统受迫振动时的振幅和相位,分别为

$$A = \frac{f}{\sqrt{(\omega_0^2 - \omega_p^2)^2 + 4\beta^2\omega_p^2}} \tag{6.42}$$

$$\tan\psi = -\frac{2\beta\omega_p}{\omega_0^2 - \omega_p^2} \tag{6.43}$$

由此可见,受迫振动的振幅和初相与系统的初始条件无关,而是与系统的固有频率、阻尼系数和驱动力有关。

6.5.3　共振

图 6.16 所示为不同阻尼时,振幅 A 和驱动力角频率 ω_p 之间的关系曲线。可以看出:阻尼越小,振幅 A 越大;驱动力角频率 ω_p 越接近固有角频率 ω_0,受迫振动的振幅 A 越大,当 ω_p 为某一特定值时,振幅 A 出现极大值。我们把 ω_p 为某一定值时,受迫振动的振幅达到最大值的现象称为**共振**。

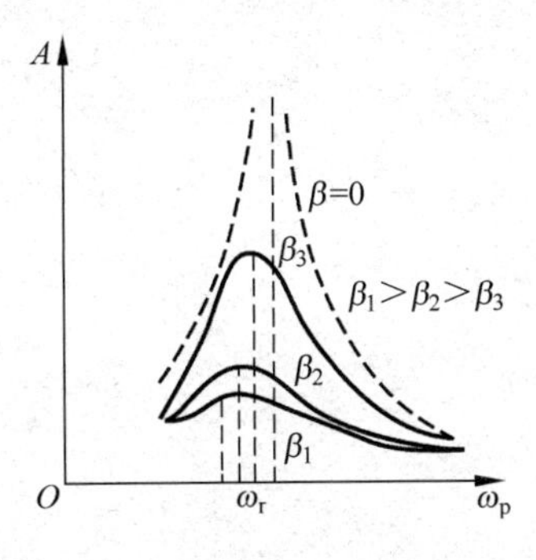

图 6.16　共振

共振时的驱动力角频率称为共振角频率,用 ω_r 来表示。将式(6.42)对 ω_p 求导,令其一阶导数为零,即

$$\frac{dA}{d\omega_p} = \frac{d}{d\omega_p}\left(\frac{f}{\sqrt{(\omega_0^2 - \omega_p^2)^2 + 4\beta^2\omega_p^2}}\right) = 0 \tag{6.44}$$

可得

$$\frac{f}{2[(\omega_0^2 - \omega_p^2)^2 + 4\beta^2\omega_p^2]^{\frac{3}{2}}}(-4\omega_0^2\omega_p + 4\omega_p^3 + 8\beta^2\omega_p) = 0$$

此时驱动力角频率 ω_p 即为共振角频率 ω_r,得

$$\omega_r = \sqrt{\omega_0^2 - 2\beta^2} \tag{6.45}$$

将 ω_r 值代入式(6.42)中,可得共振时的振幅为

$$A = \frac{f}{2\beta\sqrt{\omega_0^2 - \beta^2}} \tag{6.46}$$

当驱动力的频率接近或等于振动物体的固有频率时,发生共振,此时系统从外界最大限

度地获取能量,从而振幅急剧增大。共振现象普遍存在于机械、化学、力学、电磁学、光学及分子、原子物理学、工程技术等几乎所有的科技领域。如一些乐器利用共振来发出响亮、悦耳动听的乐曲;收音机则是通过电磁共振来进行选台;核磁共振可应用于医学诊断。在某些情况下,共振也可能造成危害。当军队或火车过桥时,整齐的步伐或车轮对铁轨接头处的撞击会对桥梁产生周期性的驱动力,如果驱动力的频率接近桥梁的固有频率,就可能使桥梁的振幅显著增大,以致桥梁发生断裂。又如机器运转时,零部件的运动会产生周期性的驱动力,如果驱动力的频率接近机器本身或支持物的固有频率,就会发生共振,使机器受到损坏。因此,在需要防止共振时,应尽量使驱动力的频率与物体的固有频率不同,可通过破坏驱动力的频率、改变系统的固有频率或改变系统的阻尼等来解决。

第7章

波 动

自然界中波动现象随处可见。机械振动在弹性介质中的传播形成了机械波，如抖动绳子形成的波、空气中的声波、水面波、地震波等都是机械波。在电磁学中，变化的电场和磁场在空间中的传播称为电磁波，如光波、无线电波和X射线等；不同形式的波虽然在产生机制、传播方式和与物质的相互作用等方面存在很大差别，但在传播时却表现出反射、折射、干涉和衍射等多方面的共性。在近代量子物理中，电子、质子和中子等微观粒子也能产生干涉和衍射现象，因此，它们不仅具有粒子性还具有波动性。

本章的讨论仅限于在没有耗散的线性介质中传播的机械波，将通过对机械波的研究展示各类波的共同规律。

7.1 简谐波的描述

任何复杂的波都能看成是由许多简谐波叠加而成的，所以，研究简谐波的规律具有非常重要的意义。

7.1.1 简谐波的产生

用手握住一根张紧的有弹性的绳子的一端，连续不断地上下抖动，此时绳上就有波在传播，如图7.1所示。

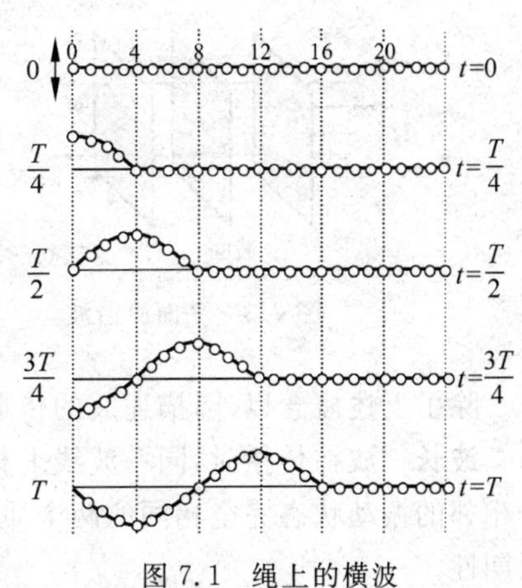

图7.1 绳上的横波

我们可以将绳子看作由一系列质元构成，由于相邻两个质元之间存在着弹力性相互作用，第一个质元在外力作用下振动后，就会带动第二个质元振动，这样，前一个质元的振动带动后一个质元的振动，依次传递下去形成波。如果振源作简谐振动，则在绳上传播的就是简谐波。简谐振动在弹性介质中的传播，称为简谐波。

由此可知，产生机械波的两个必要条件，一是要有作机械振动的振源，或称波源；二是要有传播机械振动的弹性介质。在波传播时，介质中的每个质元只在平衡位置附近作简谐振动,并不会沿着波的传播方向移动,不会发生“随波逐流”的现象。

质元的振动方向与波的传播方向相互垂直时,称为**横波**,如图 7.1 所示。质元的振动方向与波的传播方向相互平行时,称为**纵波**。如一端固定的水平悬挂的轻弹簧,用手不断地拉伸和压缩弹簧的自由端,使它沿水平方向左右振动,就可以看到振动沿弹簧传播,而形成疏密相间的纵波,如图 7.2 所示。

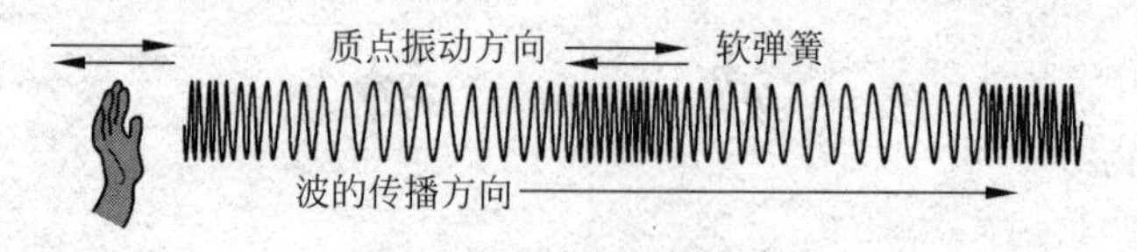

图 7.2 纵波

横波传播时,使得介质产生切向形变。只有固体介质切变时才能产生切向弹性力,故横波只能在固体中传播,而对于纵波则可以在固体、液体和气体中传播。还有一些波形成原因比较复杂,如水面波,由于水面上各质元受到重力和表面张力共同作用,使得它沿着椭圆轨道运行,既有横向运动,也有纵向运动,所以水波不是横波也不是纵波。

7.1.2 简谐波的波函数

为了形象地描述波在空间的传播情况,引入下面几个物理概念。

波面 波在传播时,介质中各质元都在各自平衡位置附近作振动。由振动相位相同的点组成的面,称为波面或波阵面。某一时刻的波面可以有任意多个,常画几个作为代表。平面简谐波的波振面是平面,球面简谐波的波振面是球面。

波前 某一时刻,最前方的波面,称为波前。

波线 为了描述波的传播方向,沿波的传播方向画一条带箭头的线,称为波线。

在各向同性的均匀介质中,波线总是与波面垂直。对于平面波,波线是相互平行的,如图 7.3 所示。对于球面波,波线为由点波源发出的沿半径方向的直线,如图 7.4 所示。

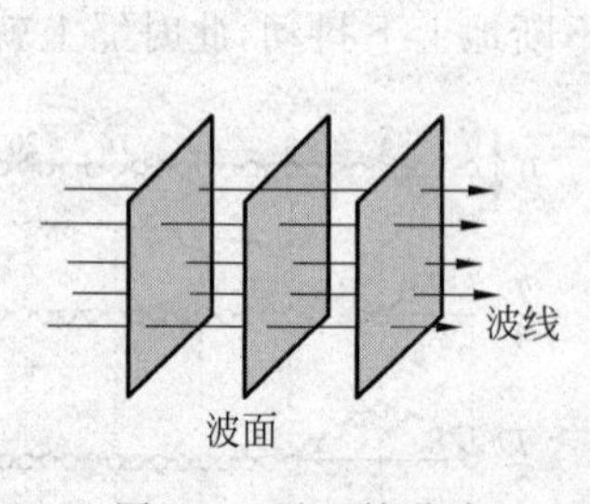

图 7.3 平面简谐波

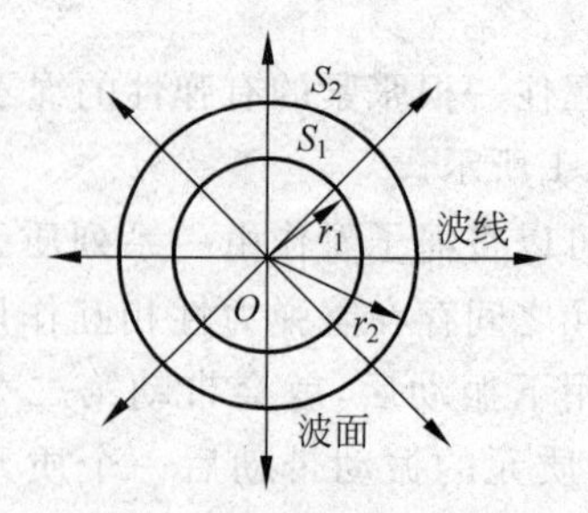

图 7.4 球面简谐波

除了上述概念以外,描述波的传播还需要知道波长、周期(或频率)、波速等概念。

波长 波在传播时,同一波线上相邻的、相位差为 2π 的振动质元之间的距离,或者说两个相邻的振动状态完全相同的两个质元间的距离,用 λ 表示。波长反映了波动在空间上的周期性。

周期和频率　波在传播时，波前进一个波长 λ 的距离所需要的时间，称为波的周期，用 T 表示。它反映了波在时间上的周期性。波在单位时间内传播的完整的波长 λ 的数目，称为频率，用 ν 表示，它与周期的关系为

$$\nu = \frac{1}{T} \tag{7.1}$$

波速　单位时间内一定振动状态所传播的距离，称为波速，用 u 表示。它是描述振动状态在介质中传播快慢程度的物理量，设有一简谐波沿 x 轴正方向以速度 u 传播，如果在时间间隔 Δt 内，波传播了距离 Δx，则

$$u = \frac{\Delta x}{\Delta t} \tag{7.2}$$

由于振动状态的传播也就是一定的振动相位在空间的传播，所以波速又称相速度。波速、周期、频率、波长之间的关系为

$$u = \frac{\lambda}{T} = \lambda\nu \tag{7.3}$$

波的周期或频率取决于波源的振动，而波速取决于介质的性质。在不同介质中，波速是不同的。在标准状态下，声波在空气中传播的速度为 343m/s，而在混凝土中声波传播的速度则约为 4000m/s。

必须强调的是，同一波源发出的一定频率的波在不同介质中传播时，频率不变，但波速不同，因而波长也就不同。

设有一平面简谐波，以速度 u 在均匀无损耗的线性介质中沿 x 轴正方向传播，如图 7.5 所示。O 点为坐标原点。O 点处质元的振动方程为

$$y_O = A\cos(\omega t + \varphi_0) \tag{7.4}$$

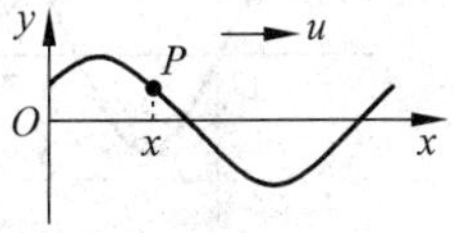

图 7.5　简谐波波形图

式中，A 是振幅；ω 是角频率；φ_0 是初相位。

现在，我们考虑距 O 点为 x 处一点 P 的振动。显然，P 点质元的振动相位比 O 点的相位 $(\omega t+\varphi_0)$ 滞后 x/u 时间，因此，P 点相位可写为 $\omega\left(t-\dfrac{x}{u}\right)+\varphi_0$，因此，$t$ 时刻 P 点的振动方程为

$$y = A\cos\left[\omega\left(t-\frac{x}{u}\right)+\varphi_0\right] \tag{7.5}$$

因为 P 点为任意的，所以，式(7.5)称为平面简谐波的波函数，其物理意义为任意位置 x 处质点的振动方程。

以上波函数的求法可以看作是借用了时间延迟的思路，我们还可以用相位延迟的思路求得波函数。如对于向 x 轴正方向传播的右传波，P 点质元的振动相位滞后 O 点 $\dfrac{2\pi x}{\lambda}$，因此，P 点相位可写为 $\omega t+\varphi_0-\dfrac{2\pi x}{\lambda}$，其波函数还可写为

$$y = A\cos\left(\omega t+\varphi_0-\frac{2\pi x}{\lambda}\right) \tag{7.6}$$

可以看到同一时刻，沿传播方向，波的相位是依次滞后的。

若平面简谐波在无吸收的均匀介质中沿 x 轴负向传播，同理可得其波函数表达式为

$$y = A\cos\left[\omega\left(t + \frac{x}{u}\right) + \varphi\right] = A\cos\left(\omega t + \varphi_0 + \frac{2\pi x}{\lambda}\right) \tag{7.7}$$

下面以沿 x 轴正向传播为例,分析波函数 $y=A\cos\left[\omega\left(t-\frac{x}{u}\right)+\varphi_0\right]$的物理意义。

(1) 若 x 给定,如 $x=x_0$,此时波函数则为 x_0 处质元的振动方程,即

$$y = A\cos\left[\omega\left(t - \frac{x_0}{u}\right) + \varphi_0\right] = y(t)$$

(2) 若 t 一定,如 $t=t_0$,此时波函数所描述的是在 t_0 时刻各个质元偏离各自平衡位置的位移,也就是波形,即

$$y = A\cos\left[\omega\left(t_0 - \frac{x}{u}\right) + \varphi_0\right] = y(x)$$

(3) 若 x 和 t 都在变化,此时波函数描述的是各个质元在不同时刻的位移变化,也就是波形沿传播方向的运动情况,即

$$y = A\cos\left[\omega\left(t - \frac{x}{u}\right) + \varphi_0\right] = y(x,t)$$

与式(7.5)或(7.6)对应的 $y-x$ 曲线就叫波形图。从图 7.6 中可以看出,Δt 时间内,波形整体沿着传播方向移动了 $\Delta x=u\Delta t$ 的距离,因此,波的传播过程可以看作波形整体以速度 u 在传播。

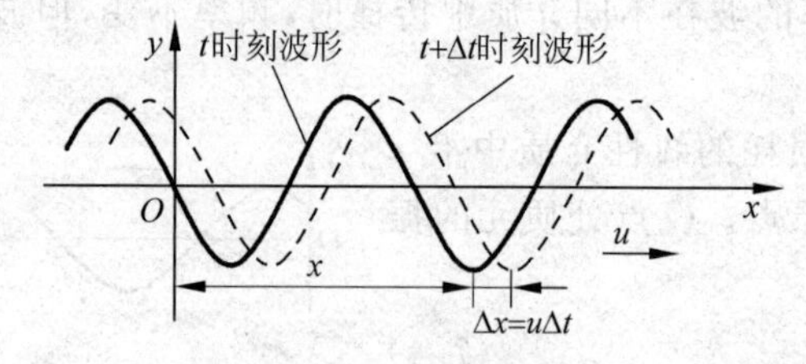

图 7.6 波形的传播

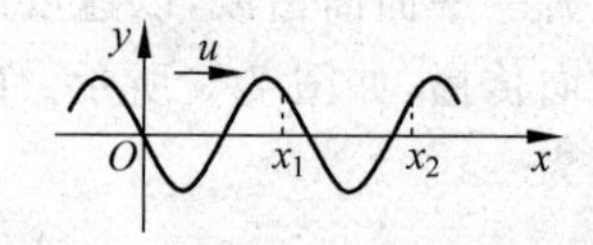

图 7.7 波程差和相位差示意图

如图 7.7 所示,在某一 t 时刻,同一波线上两个质元坐标分别为 x_1 和 x_2,它们之间的波程差为

$$\Delta x_{21} = x_2 - x_1 \tag{7.8}$$

则其二者的相位差为

$$\Delta\varphi_{21} = \left(\omega t - 2\pi\frac{x_2}{\lambda}\right) - \left(\omega t - 2\pi\frac{x_1}{\lambda}\right) = -2\pi\frac{x_2 - x_1}{\lambda}$$

即

$$\Delta\varphi_{21} = -2\pi\frac{\Delta x_{21}}{\lambda} \tag{7.9}$$

若 $\Delta\varphi_{21}=\pm 2k\pi\ (k=1,2,\cdots)$,则 x_1 和 x_2 处的振动同相;若 $\Delta\varphi_{21}=\pm(2k+1)\pi(k=1,2,\cdots)$,则 x_1 和 x_2 处的振动反相。

对式(7.5)求时间 t 的偏导数,可得波线上任意 x 处质元振动的速度和加速度分别为

$$v = \frac{\partial y}{\partial t} = -\omega A\sin\left[\omega\left(t - \frac{x}{u}\right) + \varphi_0\right] \tag{7.10}$$

$$a = \frac{\partial^2 y}{\partial t^2} = -\omega^2 A\cos\omega\left[\omega\left(t - \frac{x}{u}\right) + \varphi_0\right] \tag{7.11}$$

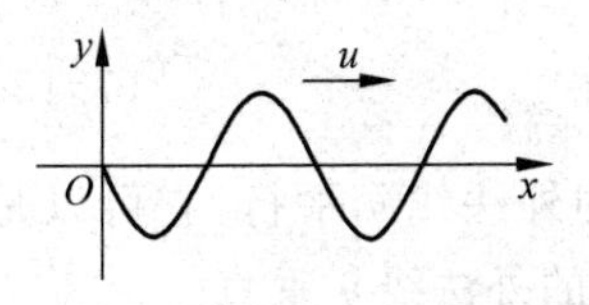

图 7.8　例 7.1 用图

例 7.1　一平面简谐波 $t=0$ 时的波形如图 7.8 所示，已知 $u=20\mathrm{m/s}$，$\nu=2\mathrm{Hz}$，$A=0.1\mathrm{m}$。

(1) 写出波的波函数表达式；

(2) 求距 O 点 2.5m 和 5m 处质点的振动方程；

(3) 求二者与 O 点的相位差及其二者之间的相位差。

解　(1) 先求 O 点的振动方程：应用旋转矢量图，可求出初相位为

$$\varphi_0=-\frac{\pi}{2}$$

则 O 点的振动方程为

$$y_O=A\cos\left(\omega t-\frac{\pi}{2}\right)$$

所以，波函数表达式为

$$y=A\cos\left[\omega\left(t-\frac{x}{u}\right)-\frac{\pi}{2}\right]=0.1\cos\left[4\pi\left(t-\frac{x}{20}\right)-\frac{\pi}{2}\right]$$

(2) 将 $x_1=2.5\mathrm{m}$ 和 $x_2=5\mathrm{m}$ 分别代入上式，得

$$y(x_1=2.5)=0.1\cos\left[4\pi\left(t-\frac{2.5}{20}\right)-\frac{\pi}{2}\right]=0.1\cos(4\pi t-\pi)$$

$$y(x_2=5)=0.1\cos\left[4\pi\left(t-\frac{5}{20}\right)-\frac{\pi}{2}\right]=0.1\cos\left(4\pi t-\frac{3\pi}{2}\right)$$

(3) $x_1=2.5\mathrm{m}$ 处与 O 点的相位差

$$\Delta\varphi=-2\pi\frac{\Delta x}{\lambda}=-2\pi\frac{2.5-0}{10}=-\frac{\pi}{2}$$

$x_2=5\mathrm{m}$ 处与 O 点的相位差

$$\Delta\varphi=-2\pi\frac{\Delta x}{\lambda}=-2\pi\frac{5-0}{10}=-\pi$$

即 x_1、x_2 的相位分别滞后 O 点 $\frac{\pi}{2}$、π。

x_1 和 x_2 之间的相位差为

$$\Delta\varphi_{21}=-2\pi\frac{x_2-x_1}{\lambda}=-2\pi\frac{5-2.5}{10}=-\frac{\pi}{2}$$

即 x_2 比 x_1 的相位落后 $\frac{\pi}{2}$，或说 x_1 比 x_2 的相位超前 $\frac{\pi}{2}$。

7.2　波动方程及波的能量

*7.2.1　弹性介质中的应力和应变　胡克定律

1. 应力和应变

物体在外力作用下都会发生形变，如果在外力撤销后形变也随之消失，该物体就称之为弹性体。下面，我们以固体为例讨论一下固体中的弹性描述，即胡克定律。

取一块正方形物体，它可以是单独的固体或固体内部一块质量微元，如图 7.9 所示。定义单位面积上物体所受的力称为应力，记为 τ，则

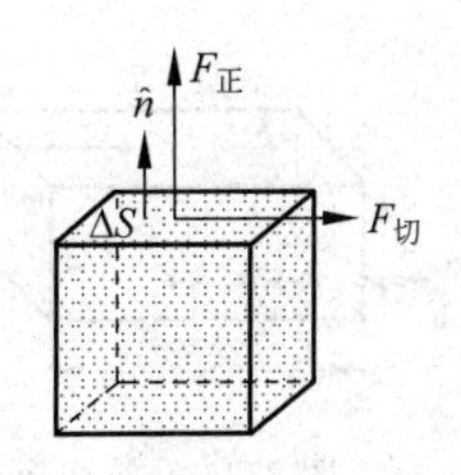

图 7.9　固体的应力与应变

$$\tau = \lim_{\Delta S \to 0} \frac{\Delta F}{\Delta S} \tag{7.12}$$

其受力可以分为两类,一类是正应力,即应力与所作用面元 ΔS 的外法线 $\hat{n}$ 平行,它可以是压力、拉力。另一类是剪应力或切应力,即应力与所作用面元 ΔS 的外法线 $\hat{n}$ 垂直。

物体受外力作用时发生的相对形变,称之为应变。主要有正应变和切应变两类。正应变又叫线应变,它是某一方向上物体微小部分因变形产生的长度增量(伸长时为正)与原长度的比值;切应变又叫角应变,它是两个相互垂直方向上的物体微小部分在变形后夹角的改变量(以弧度表示,角度减小时为正)。

2. 弹性介质的正应变

在微小的直杆两端加上与杆平行的、拉伸或压缩的力 F 时,如图 7.10 所示,杆的长度将由 l_0 变为 $l=l_0+\Delta l$,此时应变可表示为

$$\sigma = \frac{l-l_0}{l_0} = \frac{\Delta l}{l_0} \tag{7.13}$$

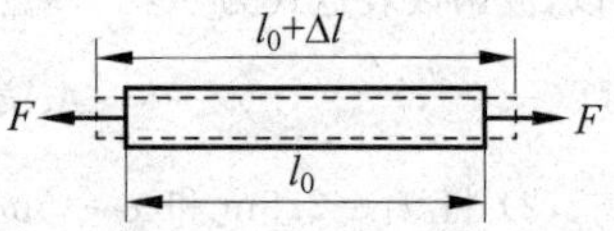

$\sigma>0$ 表示拉伸应变,$\sigma<0$ 表示压缩应变。

$l_0+\Delta l$

F F

l_0

图 7.10 细杆的拉伸

在弹性限度以内,应力大小 τ_n(应力与所作用面元的外法线 $\hat{n}$ 平行)与应变 σ 之间关系为

$$\tau_n = E\sigma = E\frac{\Delta l}{l_0} \tag{7.14}$$

其中,E 为弹性模量或杨氏模量,其与材料的种类有关。该式是胡克定律一种具体形式,其劲度系数为 $k=ES/l_0$。

外力做功 A 和弹性势能 E_p:当外力迫使弹性体产生拉伸或压缩形变时,反抗形变的弹性力是保守力,因此发生拉伸或压缩形变的弹性体具有弹性势能。

设变量 y 表示直杆的拉伸或压缩形变,在形变前 $y=0$,形变发生后,令 $y=\Delta l$。在形变进行过程中,胡克定律可以写成 $F=\dfrac{ES}{l_0}y$,因此,如果忽略形变过程中横截面积 S 的变化,则外力做的功为

$$A = \int_0^{\Delta l} F\mathrm{d}y = \frac{ES}{l_0}\int_0^{\Delta l} y\mathrm{d}y = \frac{ES}{2l_0}(\Delta l)^2 = \frac{E}{2}Sl_0\left(\frac{\Delta l}{l_0}\right)^2 \tag{7.15}$$

如果规定直杆未发生形变时为势能零点,则外力所做的功 A 等于形变达到 Δl 时的势能,即

$$E_p = \frac{E}{2}Sl_0\left(\frac{\Delta l}{l_0}\right)^2 = \frac{1}{2}EV\sigma^2 \tag{7.16}$$

3. 弹性介质的切应变

将微小弹性体的下端面固定,在面积为 S 的上端面上施加一水平的力 F_t(与所作用面元的外法线 $\hat{n}$ 垂直),上端面将向右产生一段位移 Δb,称之为剪切形变。

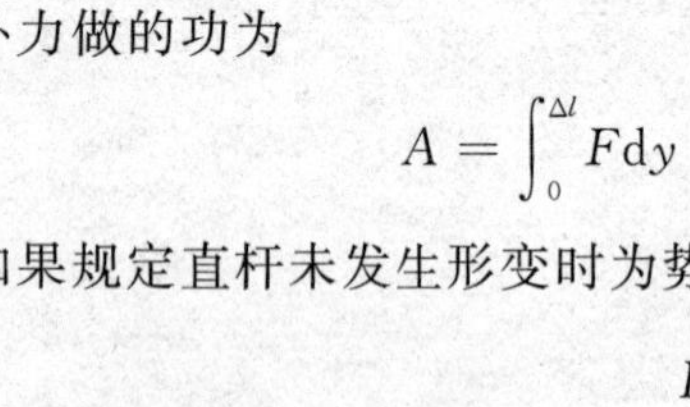

S Δb F_t φ h F_t b

图 7.11 剪切形变

在形变很小时,剪切角就近似为剪切形变,如图 7.11 所示,即

$$\tan\varphi = \frac{\Delta b}{h} \approx \varphi \tag{7.17}$$

在弹性限度内,剪切形变的胡克定律为

$$\tau_t = G\frac{\Delta b}{h} = G\varphi \tag{7.18}$$

其中 G 为切变模量，它一般约等于杨氏模量 E 的 40%左右。

同理可以证得剪切形变的弹性势能为

$$E_p = \frac{G}{2}Sl_0\left(\frac{\Delta b}{h}\right)^2 = \frac{1}{2}GV\varphi^2 \tag{7.19}$$

*7.2.2　波动方程

下面通过一维细杆中传播纵波的情况，从动力学角度来推导波动方程。设均匀细杆的横截面积为 S、密度为 ρ，由于传播的是纵波，因此，棒中各质元将不断被拉伸和压缩。

如图 7.12 所示，在杆中取任一长度为 $\mathrm{d}x$ 的质元，其质量为 $\mathrm{d}m=\rho S\mathrm{d}x$，其两端坐标分别为 x 和 $x+\mathrm{d}x$。若某一时刻该质元被拉长，发生了拉伸形变，设质元左端 x 处的位移为 y，受其他部分的弹性拉力为 F；质元右端 $x+\mathrm{d}x$ 处的位移为 $y+\mathrm{d}y$，受其他部分的弹性拉力为 $F+\mathrm{d}F$。根据牛顿第二定律，该质元的运动方程为

$$F+\mathrm{d}F-F = \mathrm{d}m\frac{\partial^2 y}{\partial t^2} \tag{7.20}$$

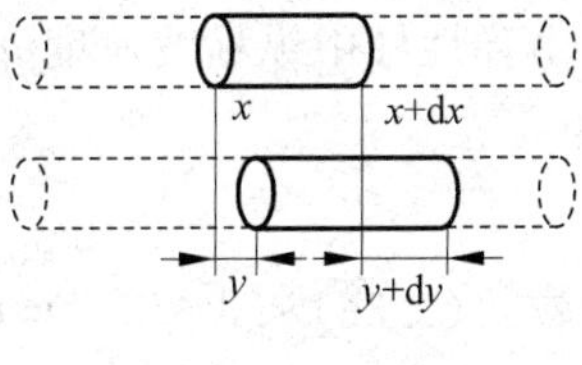

图 7.12　一维纵波

在弹性限度内，利用胡克定律可得

$$F = ES\frac{\partial y}{\partial x}$$

即

$$\mathrm{d}F = ES\frac{\partial^2 y}{\partial x^2}\mathrm{d}x$$

代入运动方程(7.20)，可得

$$\frac{\partial^2 y}{\partial t^2} = \frac{E}{\rho}\frac{\partial^2 y}{\partial x^2} \tag{7.21}$$

这就是沿棒传播的一维纵波的波动方程。

另外，由简谐波波函数的微商也可以导出波动方程。分别求出一维简谐波 y 对 t 和 x 的二阶偏导数，即可得一维波动方程为

$$\frac{\partial^2 y}{\partial t^2} = u^2\frac{\partial^2 y}{\partial x^2} \tag{7.22}$$

将式(7.21)与式(7.22)比较，可得弹性波在密度为 ρ、杨氏模量为 E 的介质中传播的纵波的波速，即

$$u_l = \sqrt{\frac{E}{\rho}} \tag{7.23}$$

同理，可以得到在介质中传播的横波的波速公式为

$$u_t = \sqrt{\frac{G}{\rho}} \tag{7.24}$$

7.2.3　波的能量

在弹性介质中，质元不仅因有振动速度而具有动能，而且还会因发生形变而具有弹性势

能,所以振动的传播必然伴随着能量的传递。

设在一维细杆中传播的简谐波为

$$y = A\cos\omega\left(t-\frac{x}{u}\right)$$

取杆中体积为 ΔV、质量为 $\Delta m=\rho\Delta V$ 的质元,其质心的位置为 x。根据平面简谐波动方程可求出其振动速度为

$$v=\frac{\partial y}{\partial t}=-\omega A\sin\omega\left(t-\frac{x}{u}\right) \tag{7.25}$$

于是,该质元在此时的振动动能为

$$\Delta E_{\mathrm{k}}=\frac{1}{2}\Delta m v^2=\frac{1}{2}\rho\Delta V\omega^2A^2\sin^2\omega\left(t-\frac{x}{u}\right) \tag{7.26}$$

它的弹性势能由

$$\Delta E_{\mathrm{p}}=\frac{1}{2}E\left(\frac{\partial y}{\partial x}\right)^2\Delta V=\frac{1}{2}\frac{E}{u^2}\omega^2A^2\sin^2\omega\left(t-\frac{x}{u}\right)\Delta V$$

又由弹性杆中纵横波速度 $u=\sqrt{\frac{E}{\rho}}$,可得

$$\Delta E_{\mathrm{p}}=\frac{1}{2}\rho\Delta V\omega^2A^2\sin^2\omega\left(t-\frac{x}{u}\right) \tag{7.27}$$

比较式(7.26)和式(7.27),可知,质元的动能和弹性势能是同相随时间变化的,且数值相等,即 $\Delta E_{\mathrm{k}}=\Delta E_{\mathrm{p}}$,该特点区别于弹簧振子的自由振动。

将式(7.26)和式(7.27)相加,可得质元的总机械能,即

$$\Delta E=\Delta E_{\mathrm{k}}+\Delta E_{\mathrm{p}}=\rho\omega^2A^2\Delta V\sin^2\omega\left(t-\frac{x}{u}\right) \tag{7.28}$$

质元的总能量随时间作周期变化,每一质元都是波动能量的传输单元。

单位体积介质所具有的能量叫能量密度,用 w 表示,式为

$$w=\frac{\Delta E}{\Delta V}=\rho\omega^2A^2\sin^2\omega\left(t-\frac{x}{u}\right) \tag{7.29}$$

在一个周期内能量密度的平均值叫平均能量密度,用 $\bar{w}$ 表示,式为

$$\bar{w}=\frac{1}{T}\int_0^T\rho\omega^2A^2\sin^2\omega\left(t-\frac{x}{u}\right)\mathrm{d}t=\frac{1}{2}\rho\omega^2A^2 \tag{7.30}$$

此式表明,对于一定介质,各点能量密度对时间的平均值和介质的密度、角频率平方、振幅平方成正比。该式适用于各种弹性波。

每个质元的能量由振动状态决定,同时振动状态又以波速传播,所以能量也以波速传播。波的能量传播特性用平均能流密度描述。平均能流密度是单位时间内通过垂直于波传播方向的单位面积的平均能量。平均能流密度也称为波的强度,用 I 表示。由图 7.13 可得

$$I=\frac{\bar{w}u\mathrm{d}t\mathrm{d}S}{\mathrm{d}t\mathrm{d}S}=\bar{w}u=\frac{1}{2}\rho\omega^2A^2u \tag{7.31}$$

此式表明,平均能流密度和角频率平方、振幅平方、波速以及介质的密度成正比。该式适用于任何简谐机械波。单位为 $\mathrm{W/m^2}$。

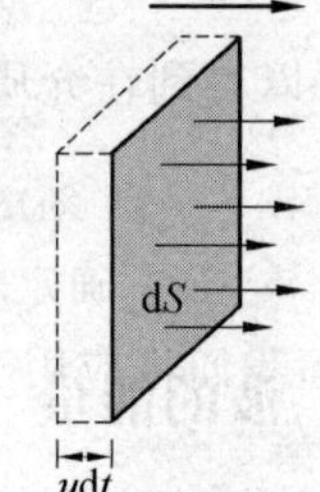

图 7.13 波的强度的计算

声波是最常见的一种机械波。频率在 $20\sim2\times10^4\,\mathrm{Hz}$ 之间

的声波能被人感觉到，常称为可闻声波，频率在 $10^{-4}\sim 20$Hz 之间的声波称为次声波，频率超过 2×10^{4} Hz 的声波称为超声波。超声波的波长比一般声波要短，具有较好的方向性，而且能透过不透明物质，这一特性已被广泛用于超声检验。利用超声的机械作用、空化作用、热效应和化学效应，可以进行超声处理。超声波作用于介质后，在介质中产生声弛豫现象，声弛豫过程伴随着能量在分子各自由度间的输运过程，并在宏观上表现出对声波的吸收。通过物质对超声的吸收规律可探索物质的特性和结构，这方面的研究构成了分子声学这一声学分支。

声波的能流密度叫声强。人的听觉不但有一定的频率范围，还有一定的声强范围。人类能听到的声强范围很广，例如，刚好能够听见的 1000Hz 声音的强度约为 10^{-12} W/m²，这个最小声强称为闻域；而能引起耳膜压迫痛感的声强高达 10W/m²，这个最大声强称为痛域。炮声的声强约为 1W/m²，用聚焦的方法获得的超声波最大声强可达 10^{8} W/m²。

通常我们所表示的分贝称为声强级，L 定义为

$$L = 10\lg\frac{I}{I_0} \tag{7.32}$$

它的单位是 dB(分贝)，其中 $I_0=10^{-12}$ W/m² 称为标准声强，为频率 1000Hz 时的闻域。日常生活当中声强级超过 90dB 就属于噪声了。

7.3 惠更斯原理和波的传播方向

波在各向同性的均匀介质中传播时，波速、波面的形状、波的传播方向等均保持不变。但是，如果波在传播过程中遇到障碍物或是遇到了两种介质的分界面时，则波的传播状态将会发生改变，并伴随衍射、反射和折射等现象。

7.3.1 惠更斯原理

为了解释上述现象，荷兰物理学家惠更斯(C. Huygens，1629—1695)于 1678 年提出：波在传播过程中，波前上的每一点都可以看作是发射子波的波源，在 t 时刻这些子波源发出的子波，经 Δt 时间间隔后形成半径为 $u\Delta t$(u 为波速)的球形波阵面，在波前进的方向上这些子波阵面包迹就是 $t+\Delta t$ 时刻的新波阵面。这就是**惠更斯原理**。惠更斯原理不仅适用于机械波，也适用于电磁波等其他的波。对于任何波动过程，只要知道其某一时刻的波前，就可以用几何作图绘出下一时刻的波前，从而确定波的传播方向。图 7.14 给出了确定平面波和球面波波阵面传播的示例，下面我们将应用惠更斯原理简单解释一下衍射、反射和折射现象。

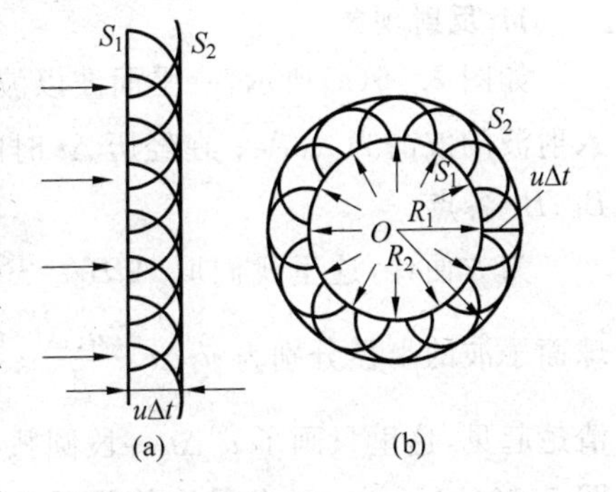

图 7.14 用惠更斯原理作出的球面波和平面波

7.3.2 波的衍射

如图7.15(a)所示,平面水波从左向右传播,遇到一个障碍物,当障碍物上小孔的大小与水波波长差不多时,就会看到小孔后面有球形波振面产生,该球形波就好像是以小孔为波源产生的一样。这种波能绕过缝的边界向障碍物后面区域传播的现象称为波的**衍射**。衍射是波的特有现象,一切波都能发生衍射,例如,声波可以绕过门窗传播,无线电波可绕过高山传播。图7.15(b)利用惠更斯原理画出了绕过小孔后的波前和波线来说明衍射产生的原理。从图中可以看出,新的波阵面不再是平面。实验证明:只有当障碍物的尺寸跟波长相差不多时,才能观察到明显的衍射现象。波的衍射在光学部分有更进一步的介绍。惠更斯原理只从传播方向上解释了波的衍射现象,但还不能解释衍射波的强度分布问题,后来菲涅尔(A. Fresnel,法国,1788—1827)对此作了补充解释。

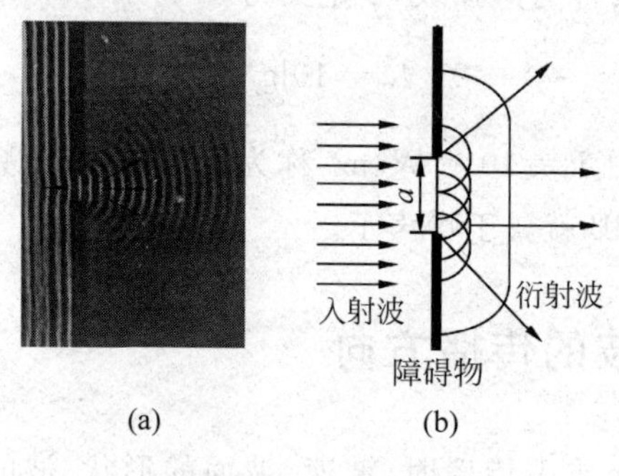

图7.15 波的衍射

7.3.3 波的反射和折射

波传播到两种介质的分界面时,一部分从界面上返回原介质,形成反射波;另一部分进入另一种介质,形成折射波。下面用惠更斯原理分析波反射和折射时的特点。

1. 反射现象

如图7.16(a)所示,一平面波以波速 u_1 入射到两种介质的界面 MN 上。设 $t=t_0$ 时刻,入射波的波前为 A_0A_3;在经历 Δt 时间间隔后,波面上 A_1、A_2、A_3 各点先后到达界面上 B_1、B_2、B_3 各点。

为方便计,这里我们取 $A_0B_1=B_1B_2=B_2B_3$,在 $t_0+\Delta t$ 时刻,A_0、B_1、B_2 各点所发射的球面子波的半径分别为 $u_1\Delta t$、$\frac{2u_1\Delta t}{3}$、$\frac{u_1\Delta t}{3}$,这些球面子波的包迹就是反射波的波面。为了清楚起见,这里只画了 $u_1\Delta t$ 一段圆弧,它实际是 A_0 所发射的球面子波在入射面的投影,如图7.16(b)所示。这些子波的圆弧的包迹显然是过 B_3 点且与这些圆弧相切的直线 B_3B_0,则过 B_3B_0 作其垂线,所得即为反射波线。

从图7.16(b)中可以看出,入射线、反射线和界面法线都在同一平面内,$\Delta A_0A_3B_3$ 与 $\Delta A_0B_0B_3$ 是两个直角三角形,由于 $A_3B_3=A_0B_0=u_1\Delta t$,且共用斜边 A_0B_3,所以,这两个直角三角形是全等的，从几何关系可以看出，$i=i'$，即入射角等于反射角，这就是波的反射定律。

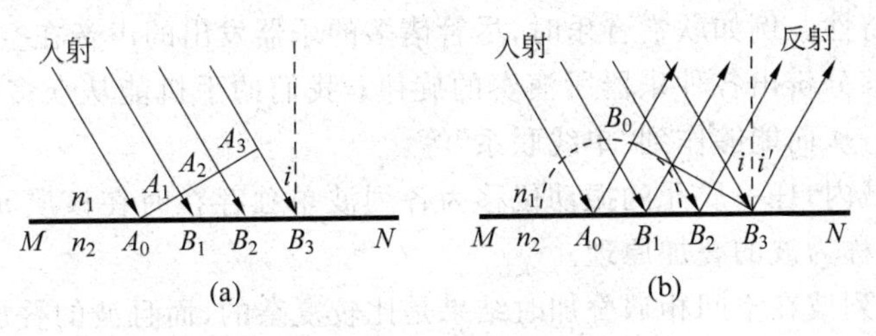

图 7.16　波的反射

2. 折射现象

同理，用惠更斯原理也可解释波的折射定律，注意，折射波和入射波在不同的介质中传播时，波速是不同的，这不同于反射现象。

假设 $t=t_0$ 时刻，入射波的波前为 A_0A_3，如图 7.17 所示，在经历 Δt 时间间隔后，波面上 A_1、A_2、A_3 各点先后到达界面上 B_1、B_2、B_3 各点，波程 $A_3B_3=u_1\Delta t$。设波在另一介质中的波速为 u_2，当波阵面 A_0A_3 上的 A_3 到达 B_3 点时，由 A_0、B_1、B_2 点作为子波源发出的球面子波的半径分别为 $u_2\Delta t$、$\frac{2u_2\Delta t}{3}$、$\frac{u_2\Delta t}{3}$，为了清楚起见，本图只画了 $u_2\Delta t$ 一段圆弧。这些子波的圆弧的包迹显然是过 B_3 点且与这些圆弧相切的直线 B_3B_0'，则过 B_3B_0' 作其垂线，所得即为折射波线。

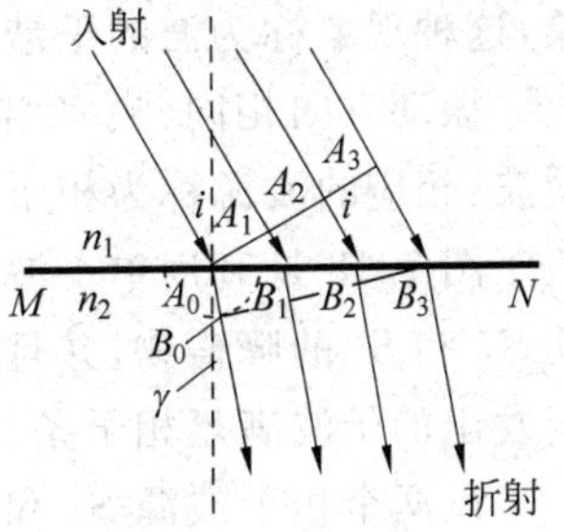

图 7.17　波的折射

从图 7.17 中可以看出，入射线、折射线和界面法线都在同一平面内。在两个直角三角形 $\triangle A_0A_3B_3$ 与 $\triangle A_0B'_0B_3$ 中，$\angle A_3A_0B_3=i$（入射角），$\angle A_0B_3B_0'=\gamma$（折射角），A_0B_3 为共用边，则 $A_0B_3=\frac{u_1\Delta t}{\sin i}$ 和 $A_0B_3=\frac{u_2\Delta t}{\sin\gamma}$，所以

$$\frac{\sin i}{\sin\gamma}=\frac{u_1}{u_2}$$

这表明，当波由介质 1 进入介质 2 时，入射角的正弦与折射角的正弦之比等于介质 1 的波速与介质 2 的波速之比。这就是折射定律。

如果入射波是光，则有

$$\frac{\sin i}{\sin\gamma}=\frac{n_2}{n_1} \tag{7.33}$$

其中，n_1 和 n_2 分别是介质 1 和介质 2 的折射率。

7.4　波的叠加　干涉与驻波

7.4.1　波的叠加原理

实验表明，几列波在同一介质中传播相遇之后，仍然保持它们各自原有的特征（频率、波长、振幅、振动方向等)不变,并按照原来的方向继续前进,好像没有遇到过其他波一样,这称为波的独立传播特性。例如欣赏音乐时,尽管诸多的乐器发出的声音在空间同时传播,但是人的耳朵依然能够分辨出各种乐器所演奏的旋律;我们的手机能从众多的无线电波中“挑选出”自己的信号,从而能够作到“单线联系”等。

在波相遇区域内,任一质元的振动位移为各列波单独存在时在该质元处所引起的振动位移的矢量和,这称为波的叠加原理。

一般来说,几列波在空间相遇叠加时结果是比较复杂的,而且波的叠加原理只适用于波的强度较小,且在无耗散线性介质中传播的情况。

7.4.2　波的干涉

两列波在介质中传播且相遇,相遇处质元位移等于各列波引起分振动位移的矢量和。如两列波满足振动方向相同、频率相同、相位相同或相位差恒定,且在空间相遇时,会使空间某些点的合振动始终加强,另外一些点的合振动始终减弱,形成一种稳定的强弱分布的现象,这种现象称为**波的干涉**。

振动方向相同、频率相同和相位差恒定称为波的相干条件。满足相干条件的波称为相干波,相应的波源称为相干波源。

图 7.18 是利用单一波源获得相干波干涉的示意图。波源 S 附近放置一个开有两个小孔 S_1 和 S_2 的障碍物,并且$\overline{SS_1}=\overline{SS_2}$。根据惠更斯原理,$S_1$ 和 S_2 可以看成两个子波源,它们发出的子波满足相干条件,是相干波。因此,这两列波叠加后会产生干涉现象。

设两个相干波源 S_1 和 S_2 的振动表达式分别为

$$y_1 = A_1\cos(\omega t + \varphi_{01})$$
$$y_2 = A_2\cos(\omega t + \varphi_{02})$$

式中,A_1 和 A_2 分别为两波源的振幅;ω 和 φ_{01}、φ_{02} 分别为两波源的角频率及初相位。

由 S_1 和 S_2 发出两列相干波在 P 点相遇,如图 7.19 所示。S_1 和 S_2 到 P 点距离分别为 r_1 和 r_2,S_1 和 S_2 在 P 点引起的振动分别为

$$y_1 = A_1\cos\left(\omega t + \varphi_{01} - \frac{2\pi r_1}{\lambda}\right)$$
$$y_2 = A_2\cos\left(\omega t + \varphi_{02} - \frac{2\pi r_2}{\lambda}\right)$$

式中,λ 为波长。

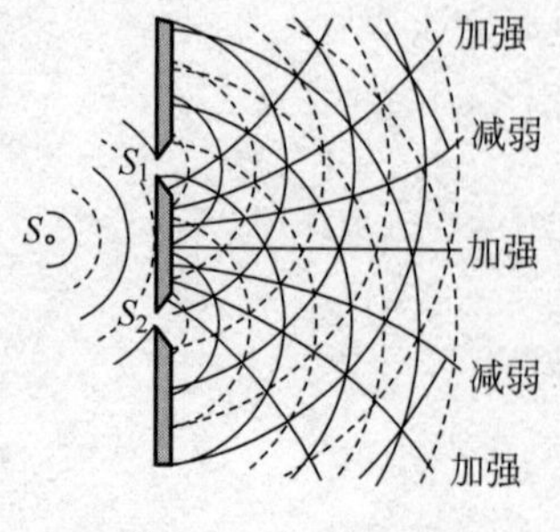

图 7.18　波的干涉

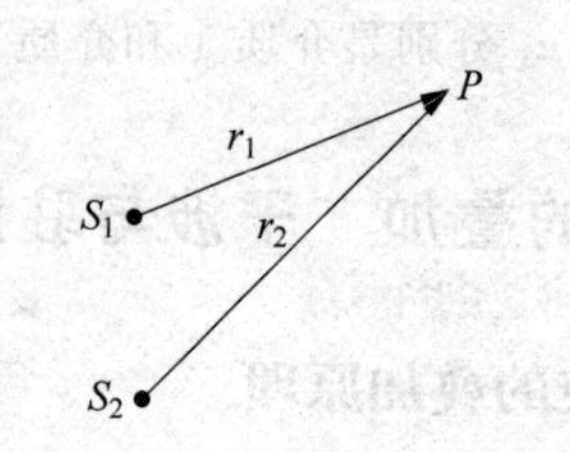

图 7.19　两列波的干涉

从上两式可看出，这是两个同方向、同频率的简谐振动的叠加，根据前面的知识，可知 P 点的合振动还是简谐振动，为

$$y = y_1 + y_2 = A\cos(\omega t + \varphi)$$

且合振动的初相为

$$\tan\varphi = \frac{A_1 \sin\left(\varphi_{01} - \frac{2\pi r_1}{\lambda}\right) + A_2 \sin\left(\varphi_{02} - \frac{2\pi r_2}{\lambda}\right)}{A_1 \cos\left(\varphi_{01} - \frac{2\pi r_1}{\lambda}\right) + A_2 \cos\left(\varphi_{02} - \frac{2\pi r_2}{\lambda}\right)}$$

其振幅为

$$A = \sqrt{A_1^2 + A_2^2 + 2A_1 A_2 \cos\Delta\varphi}$$

这里相位差为

$$\Delta\varphi = \varphi_{02} - \varphi_{01} - 2\pi\frac{r_2 - r_1}{\lambda}$$

由上式可知，当振幅一定时，两列相干波在叠加区域内的各点，其合振动是否加强或减弱，取决于相位差 $\Delta\varphi$。

下面我们就两列相干波干涉加强、减弱作如下分析：

当 $\Delta\varphi = 2k\pi(k=0, \pm1, \pm2, \cdots)$时，合振幅最大，其值为 $A = A_1 + A_2$，这些点合振动最强，称为干涉相长。

当 $\Delta\varphi = (2k+1)\pi(k=0, \pm1, \pm2, \cdots)$时，合振幅最小，其值为 $A = |A_1 - A_2|$，这些点合振动最弱，称为干涉相消。

若两个相干波源的初相相等，即 $\varphi_{01} = \varphi_{02}$，则相位差为 $\Delta\varphi = -2\pi\frac{r_2 - r_1}{\lambda}$，其完全取决于两个相干波源到 P 点的波程差 $r_2 - r_1$，令 $\delta = r_2 - r_1$，则上述分析可写为

当 $\delta = k\lambda(k=0, \pm1, \pm2, \cdots)$时，干涉相长。

当 $\delta = (2k+1)\frac{\lambda}{2}(k=0, \pm1, \pm2, \cdots)$时，干涉相消。

可见，当两相干波源同相时，在两波叠加区域内，波程差为波长的整数倍的各点，强度最大；波程差为半波长奇数倍的各点，强度最小。

7.4.3　驻波

驻波是干涉现象中最特别的一个现象。它是在同一介质中两列振幅相同的相干波，沿同一直线相向传播而产生的一种特殊的叠加现象。

图 7.20 是产生驻波的实验装置示意图，一根弦线 AB 的 A 端系在一个固定的电动音叉上，另一端跨过定滑轮 p 吊一重物 m，使弦线张紧，B 是一个可以移动的支点，用于调节 AB 的长度。当音叉振动时，弦中会产生向右传播的波，当波传到 B 点时发生反射，形成自 B 向左传播的波。假设两个方向上传播的波均无能量损失，于是弦上就会形成振幅相等的两列相向传播的干涉波。适当调节弦线的长度，这两列波相干叠加后就可以形成驻波。

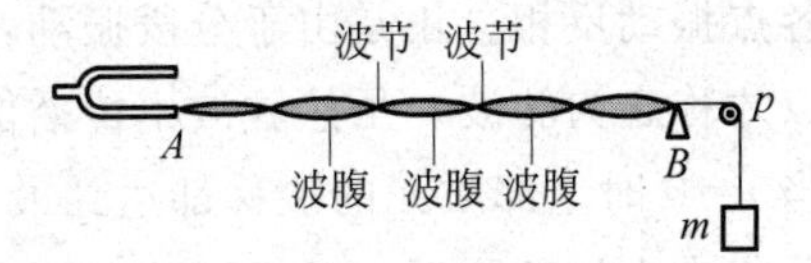

图 7.20　绳子上的驻波

实验发现,驻波的波形不移动,其上各点都以相同频率振动,但各点振幅不同。有些点的振幅最大,这些点称为波腹,有些点始终静止,这些点称为波节。两列反向传播的纵波还可以叠加形成纵驻波。我们以横驻波为例说明驻波的特性。

设有一列波沿 x 轴的正方向传播,另一列波沿 x 轴的反方向传播。为了简单,设这两列波的振幅相同,初相位为零,它们的波函数为

$$y_1 = A\cos(\omega t - kx), \quad y_2 = A\cos(\omega t + kx)$$

利用三角函数的和差化积公式,可以得到在两波相遇处各质元的合位移

$$y = y_1 + y_2 = 2A\cos kx\cos\omega t = 2A\cos\frac{2\pi x}{\lambda}\cos\omega t \tag{7.34}$$

上式就是驻波的波函数。它不是$(t-x/u)$的函数,因此驻波的相位和能量都不传播。这也正是"驻"的含义。

式(7.34)由两个因子组成,其中 $\cos\omega t$ 只与时间有关,代表简谐振动;$\left|2A\cos\left(\frac{2\pi}{\lambda}x\right)\right|$ 只与位置有关,代表坐标 x 处质元振动的振幅。由 $\left|2A\cos\left(\frac{2\pi}{\lambda}x\right)\right|=1$ 可知,波腹的位置为

$$x = \frac{\lambda}{2}k, \quad k = 0, \pm 1, \pm 2, \cdots \tag{7.35}$$

而由 $\left|2A\cos\left(\frac{2\pi}{\lambda}x\right)\right|=0$ 可得波节的位置为

$$x = \frac{\lambda}{4}(2k+1), \quad k = 0, \pm 1, \pm 2, \cdots \tag{7.36}$$

因此,相邻两波腹之间,或相邻两波节之间的距离都是 $\lambda/2$,而相邻波节和波腹之间的距离为 $\lambda/4$。图 7.21 给出了 $t=0$、$T/8$、$T/4$、$T/2$ 各时刻驻波的波形曲线。

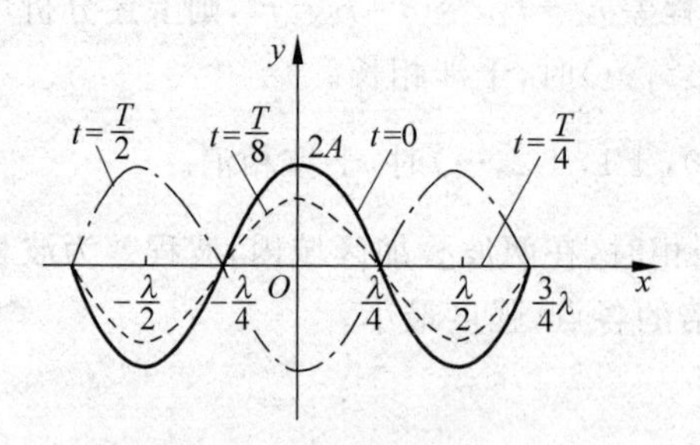

图 7.21 驻波的波形曲线

由图 7.21 可以看出驻波分段振动的特点。设某一时刻 $\cos\omega t$ 为正,由于在相邻波节 $x=-\lambda/4$ 和 $x=\lambda/4$ 之间 $\cos 2\pi x/\lambda$ 取正值,所以这一分段中的各点都处于平衡位置的上方;而在相邻波节 $x=\lambda/4$ 和 $x=3\lambda/4$ 之间 $\cos 2\pi x/\lambda$ 取负值,各点都处于平衡位置的下方。因此驻波是以波节划分的分段振动,在相邻波节之间,各点的振动相位相同;在波节两边,各点振动反相。正是由于分段振动,在驻波中没有振动状态的传播,也没有能量的传播,所以才称之为驻波。虽然驻波不传播能量,但各质元的能量依然发生变化。由图 7.21 看出,当 $t=0$ 时全部质元的位移都达到最大值,各质元的速度为零,动能为零,能量全部变成势能并集中在波节附近;当 $t=T/4$ 时,全部质元都通过平衡位置并恢复到自然状态,这时速度最大,能量全部变成动能并集中在波腹附近。虽然各质元的能量在不断变化,但由于波节静

止、波腹处不形变，所以能量既不能通过波节，也不能通过波腹，只能在相邻的波节和波腹之间的 $\lambda/4$ 区域内流动。

7.4.4　半波损失

在驻波的实验中，波在固定支点 B 处反射，在反射点处形成的是波节，说明反射波与入射波在该处是反相的（π 的**相位突变**），又称**半波损失**。若弦线在 B 处可以自由振动，则波在自由端反射处形成的是波腹，参见图 7.22。

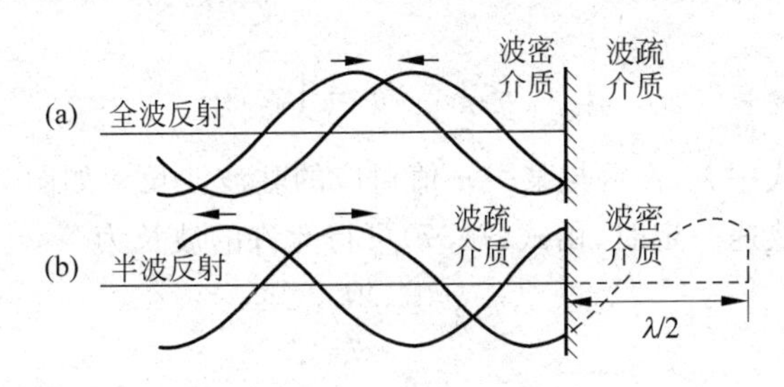

图 7.22　波的反射及半波损失

一般情况下在两种介质的分界面处，入射波反射时是否发生半波损失，取决于波的种类、两种介质的性质及入射角的大小。研究表明，在垂直入射时，它由介质的密度和波速的乘积 ρu 决定。我们把 ρu 较大的介质叫作波密介质，ρu 较小的介质叫作波疏介质。当波从波疏介质垂直入射到波密介质时，并在界面上的反射发生半波损失，形成波节；相反，若波从波密介质垂直入射波疏介质，并在界面上反射时不发生半波损失，形成波腹。

例 7.2　入射波函数为 $y_1=A\cos 2\pi\left(\frac{x}{\lambda}+\frac{t}{T}\right)$，在 $x=0$ 处发生反射，反射点为一固定端，设反射时无能量损失，求：

（1）反射波函数；

（2）合成的驻波函数；

（3）波腹和波节的位置。

解　（1）因反射端为固定端，故反射波在反射端产生半波损失。

在 $x=0$ 处，入射波函数为 $y_{10}=A\cos 2\pi\frac{t}{T}$，反射波函数应为 $y_{20}=A\cos\left(2\pi\frac{t}{T}+\pi\right)$ 又因为反射波是沿 $+x$ 正方向传播，故反射波波函数为

$$y_2=A\cos\left[2\pi\left(\frac{t}{T}-\frac{x}{\lambda}\right)+\pi\right]$$

（2）驻波方程式为

$$\begin{aligned} y=y_1+y_2&=2A\cos\left(2\pi\frac{x}{\lambda}-\frac{\pi}{2}\right)\cos\left(2\pi\frac{t}{T}+\frac{\pi}{2}\right)\\ &=2A\sin\left(2\pi\frac{x}{\lambda}\right)\cos\left(2\pi\frac{t}{T}+\frac{\pi}{2}\right)\end{aligned}$$

（3）波腹位置：令 $\left|\sin\left(2\pi\frac{x}{\lambda}\right)\right|=1$，可得

$$2\pi\frac{x}{\lambda}=(2k+1)\frac{\pi}{2}$$

即波腹的位置为 $x=(2k+1)\frac{\lambda}{4}$（$k$ 为整数）。

波节位置：令 $\left|\sin\left(2\pi\dfrac{x}{\lambda}\right)\right|=0$，可得

$$2\pi\frac{x}{\lambda}=k\pi$$

即波节的位置为 $x=\dfrac{k}{2}\lambda$（k 为整数）。

在乐器中，管、弦、膜、板的振动都是由驻波形成的振动。波动理论在声学、光学、原子物理等学科也有广泛的应用。

在两端固定的弦线上，只有满足弦线长度为半波长的整数倍时，才能在弦上形成驻波，即

$$L=n\frac{\lambda_n}{2},\quad n=1,2,\cdots \tag{7.37}$$

此时才能形成驻波。式中 λ_n 表示与某一 n 值对应的驻波波长。如图 7.23(a)画出了弦线上三种可能的波长。当波速一定时，由式(7.37)可得允许的波长为

$$\lambda_n=\frac{2L}{n} \tag{7.38}$$

对应可能的频率为

$$\nu_n=n\frac{u}{2L},\quad n=1,2,\cdots \tag{7.39}$$

上式表明，只有振动频率为 $\nu_1=u/2L$ 的整数倍的那些波，才能在弦上形成驻波。ν_0 称为弦振动的本征频率。由式(7.39)决定的各种频率的驻波称为弦线振动的简正模式，其中，ν_1 为基频，ν_2，ν_3，…称为二次谐频、三次谐频、……。对两端固定的弦，这一驻波系统，有无数多个简正模式和简正频率。这与弹簧振子只有一个固有频率不同。另外，上面所说的仅仅是一维方向的驻波，实际上两维驻波我们在日常也可以遇到。比如：振动的鼓面、乐器中的共鸣箱、量子围栏等。

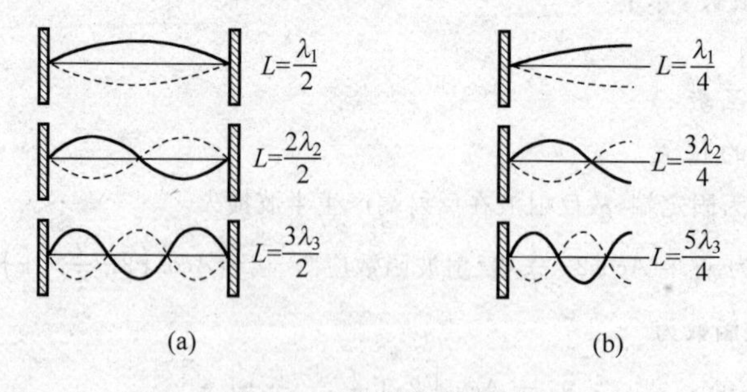

图 7.23　弦线上的驻波

对于管乐器（如双簧管、小号等），在形成驻波时，可能一端是固定端，另一端是自由端（或是两端全是自由端）。根据前面的分析，固定端为波节，自由端为波腹，如图 7.23(b)所示，管内的空气柱振动形成的驻波的频率须满足

$$\nu_n=\frac{(2n-1)u}{4l},\quad n=1,2,\cdots$$

每种乐器都可以看作是一个驻波系统，在一个系统里有着无限个简正模式，每个简正模式的频率都反映了系统特定的音调。当外界的驱动力的频率与系统的某个频率相同时，系统将被激发，产生振幅很大的驻波，这种现象称为共振或谐振。

7.5　多普勒效应

1842 年的一天,奥地利科学家多普勒(Christian Doppler,1803—1853,奥地利数学家、物理学家)路过铁路交叉处时,恰逢一列火车从他身旁驰过,他发现火车从远而近时汽笛声变响,音调变尖,而火车从近而远时汽笛声变弱,音调变低。他对这个物理现象产生极大兴趣,并进行了研究。发现这是由于振源与观察者之间存在着相对运动,使观察者听到的声音频率不同于振源频率。当声源离观测者而去时,声波的波长增加,音调变得低沉,当声源接近观测者时,声波的波长减小,音调就尖锐。人们把由于波源与观察者的相对运动而使观测到的波的频率发生变化的现象称为“多普勒效应”。

7.5.1　机械波的多普勒效应

为简单起见,我们来讨论声波的多普勒效应。假定波源与观察者在同一直线上运动,波源相对于介质的运动速度为 v_S,观察者相对于介质的运动速度为 v_R,波速为 u,波源的频率、观察者接收到的频率和波的频率分别为 ν_S、ν_R 和 ν,其中波源的频率是指波源在单位时间内发射的完整波的个数;观察者接收到的频率是指观察者在单位时间内接收到的完整波的个数;波的频率是指在单位时间内通过介质中某一点的完整波的个数,它等于波速 u 除以介质中的波长 λ,即 $\nu=u/\lambda$。这三个频率可能各不相同,下面分几种情况加以分析,为方便起见,作如下规定:当观察者 R 向着波源运动时,$v_R>0$,背离波源运动时,$v_R<0$;当波源 S 向着观察者运动时,$v_S>0$,背离观察者运动时,$v_S<0$;波速 u 恒取正值。

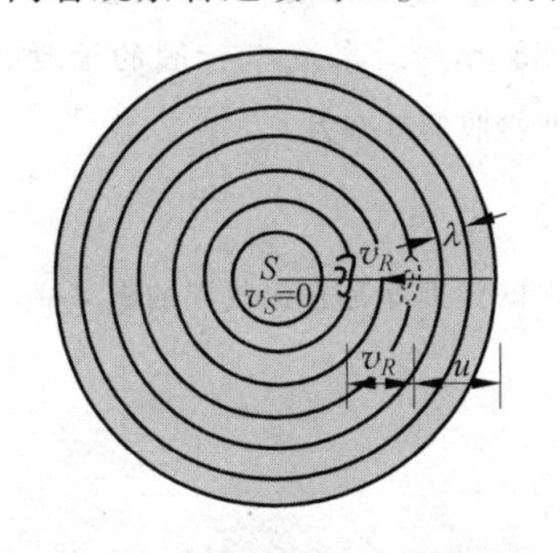

图 7.24　波源静止时多普勒效应

1. 波源 S 相对介质静止,观察者 R 以速度 v_R 相对介质运动

如图 7.24 所示,波源静止,观察者向着波源运动,观察者单位时间内接收到的完整波的个数就会比其静止时多。在单位时间内观察者接收到的完整波的个数等于在 $u+v_R$ 距离内接收到的完整波的个数,即

$$\nu_R=\frac{u+v_R}{\lambda}=\frac{u+v_R}{u}\nu$$

由于波源静止所以波的频率等于波源的频率,因此

$$\nu_R=\frac{u+v_R}{u}\nu_S \tag{7.40}$$

2. 观察者 R 相对介质静止,波源 S 以速度 v_S 相对介质运动

波源 S 向着观察者 R 运动,波的频率不再等于波源的频率(图 7.25)。这是由于振动一旦从振源发出,它就在介质中以球面波的形式向四周传播,此时球心就在发生该振动时振源所在的位置。经过一个周期 T_S(波源的周期)的时间,波源向前移动了一段距离 v_ST_S,显然波面的球心也向右移动了 v_ST_S 的距离。以后的每个球面波的球心都会向右移动 v_ST_S 的距离,使得依次发出的球面波都向前挤压,此时相邻两个波面之间的距离,即波长由 λ_0 变为

$$\lambda = \lambda_0 - v_S T_S = (u - v_S) T_S = \frac{u - v_S}{\nu_S}$$

因此观察者接收到的频率就是波的频率，即

$$\nu_R = \frac{u}{\lambda} = \frac{u}{u - v_S}\nu_S \tag{7.41}$$

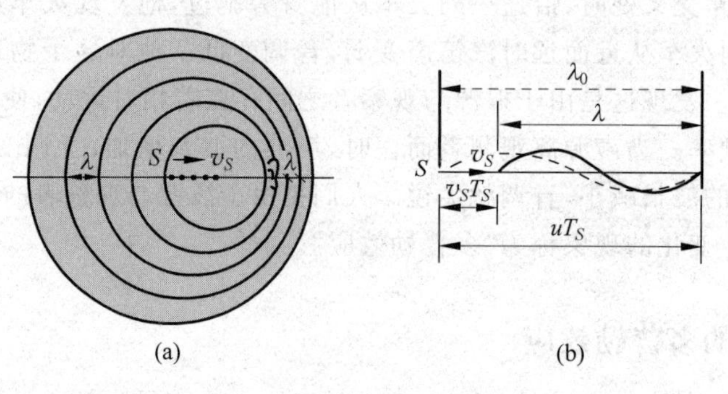

图 7.25　波源运动时的多普勒效应

3. 观察者 R 和波源 S 同时相对介质运动

由前面讨论可知，此时波长被压缩为 $\lambda=(u-v_S)T_S$，同时波阵面以 $u+v_R$ 的速度通过观察者，所以，观察者接收到的频率为

$$\nu_R = \frac{u + v_R}{\lambda} = \frac{u + v_R}{u - v_S}\nu_S \tag{7.42}$$

例 7.3　利用多普勒效应可以监测汽车行驶的速度，现有一固定波源，发出频率为 $\nu=100\text{kHz}$ 的超声波，当汽车迎着波源行驶时，与波源安装在一起的接收器接收到从汽车反射回来的超声波频率为 $\nu'=110\text{kHz}$，已知空气中的声速为 $u=330\text{m/s}$。求汽车行驶的速度。

解　设汽车行驶速度为 v，波源发的频率为 ν，因为波源不动，汽车接收的频率为

$$\nu_1 = \frac{u+v}{u}\nu$$

当波从汽车表面反射回来时，汽车作为波源向着接收器运动，汽车发出的频率即是它接收到的频率 ν_1，而接收器作为观察者接收到的频率为

$$\nu' = \frac{u}{u-v}\nu_1$$

联立两式求解，得 $v=\dfrac{\nu'-\nu}{\nu'+\nu}u=\dfrac{110\times10^3-100\times10^3}{110\times10^3+100\times10^3}\times330=15.7\text{m/s}$。

例 7.4　A、B 两船沿相反方向行驶，航速分别为 30m/s 和 60m/s，已知 A 船上的汽笛频率为 500Hz，空气中声速为 340m/s，求 B 船上的人听到 A 船汽笛的频率？

解　设 A 船上汽笛为波源，B 船上的人为接收者，代入公式(7.42)得

$$\nu_B = \frac{u - v_B}{u + v_A}\nu_A = \frac{340-60}{340+30}\times500\text{Hz} = 452\text{Hz}$$

即 B 船上的人听到汽笛的频率变低了。

如果波源与观察者不在二者连线上运动，只需将速度在连线上的分量代入上述公式即可。当波源和观察者是沿着它们的垂直方向运动时，是没有多普勒效应的。

当飞机作为波源飞行时的 v_S 大于波速 u 时，由式 $\nu_R=\dfrac{u}{\lambda}=\dfrac{u}{u-v_S}\nu_S$ 可知，地面观察者

将接收到 $\nu_R<0$，该式将不再适用。地面观察者会先看到飞机无声地飞过，然后才听到轰轰巨响。原理是这样的，在 Δt 时间间隔内，波源发出的波前传播了 $u\Delta t$ 的距离，此时波源移动了 $v_S\Delta t$，因为 $v_S\Delta t>u\Delta t$，所以波源比波前走得更远，从而所有的波前只能被挤压聚集形成一个圆锥面，它的能量高度集中，如图 7.26 所示，这种波称为冲击波或激波。v_S/u 称为马赫(Mach)数，即

$$\frac{v_S}{u}=\frac{1}{\sin\theta}$$

其中，θ 为圆锥面的半顶角。

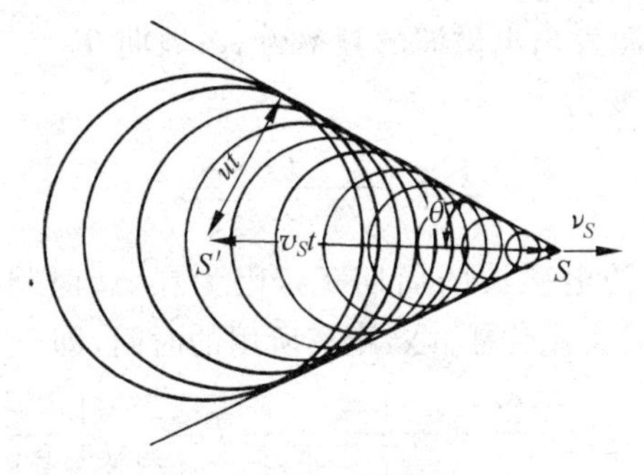

图 7.26　冲击波

多普勒效应有着许多应用。在交通上可用于监测车辆的速度，在医学上可用来测量人体血管内血液的流速等。另外，多普勒效应也可用于贵重物品、机密室的防盗系统，还可用于卫星跟踪系统等。

在天体物理学中，多普勒效应也有着许多重要应用。例如，用这种效应可以确定发光天体是向着、还是背离地球而运动，运动速率有多大。通过对多普勒效应所引起的天体光波波长偏移的测定，发现所有进行这种测定的星系光波波长都向长波方向偏移，这就是光谱线的多普勒红移，从而可以确定所有星系都在背离地球运动。这一结果导致宇宙演变的所谓"宇宙大爆炸"理论的诞生。"宇宙大爆炸"理论认为，现在的宇宙是从大约 137 亿年以前发生的一次剧烈的爆发活动演变而来的，此爆发活动就称为"宇宙大爆炸"。宇宙中的星系彼此远离，它们之间的空间在不断增大，因而原来占据的空间在膨胀，也就是整个宇宙在膨胀，并且现在还在继续膨胀着。

*7.5.2　电磁波(包括光波)的多普勒效应

电磁波(光)也有多普勒效应。与机械波不同，电磁波的传播不需要介质，因此观测者接收到的频率的变化只决定于光源和观测者之间的相对运动，并且需要考虑相对论效应。先看纵向多普勒效应。设光源和观测者沿二者连线方向以相对速度 v 运动(互相趋近 $v>0$，互相远离 $v<0$)，则有

$$\nu_R=\sqrt{\frac{1+v/c}{1-v/c}}\nu_S \tag{7.43}$$

其中，ν_S 是光源发出的电磁波的频率；ν_R 是观测者接收到的频率；c 为真空中的光速。

式(7.43)表明，当光源远离观测者运动($v<0$)时，观测者接收频率比光源频率低，因而

波长变长,这称为谱线红移。天文学观测到来自星体上各种元素的谱线几乎都有红移,这说明太空中的星体正在远离我们运动,即宇宙正在膨胀。根据光谱多普勒效应,即来自星体的光的频率(波长)的变化情况,按式(7.43)可确定星体的运动和自转的速度。

光源和观测者在垂直于二者连线方向上的运动,引起横向多普勒效应:

$$\nu_R = \sqrt{1 - v_\perp^2 / c^2}\,\nu_S \tag{7.44}$$

其中,$v_\perp$ 为二者的相对速度。可以看出,横向多普勒效应使电磁波的频率变低。

电磁波的多普勒效应可用来跟踪人造地球卫星等。

下面证明式(7.43)、式(7.44)。设光源和观测者以相对速度 v 互相趋近($v>0$)。在相对光源静止的参考系中,光源发出电磁波的频率为 ν_S,周期 $T_S=1/\nu_S$。根据时间延缓效应,对观测者来说时间间隔 T_S 变为

$$\Delta t = \frac{T_S}{\sqrt{1 - v^2/c^2}} \tag{7.45}$$

但 Δt 并不是观测者接收到的电磁波的周期 T_R,因为在 Δt 时间内,光源向观测者运动了 $v\Delta t$ 距离,T_R 应该等于 Δt 减去光传播 $v\Delta t$ 距离所用的时间,即

$$T_R = \Delta t - \frac{v\Delta t}{c} = \frac{1 - v/c}{\sqrt{1 - v^2/c^2}} T_S = \sqrt{\frac{1 - v/c}{1 + v/c}}\, T_S \tag{7.46}$$

由此可得

$$\nu_R = \frac{1}{T_R} = \sqrt{\frac{1 + v/c}{1 - v/c}}\,\frac{1}{T_S} = \sqrt{\frac{1 + v/c}{1 - v/c}}\,\nu_S$$

这就是式(7.43)。

如果光源和观测者之间只发生相对速度为 $v_\perp$ 的横向运动,则 Δt 就是观测者接收到的周期 T_R,即

$$T_R = \Delta t = \frac{T_S}{\sqrt{1 - v_\perp^2 / c^2}}$$

由此得式(7.44)。

第8章

狭义相对论基础

19世纪末，经典物理学的理论体系已经相当严密和完整，并得到大量实验的证明和生产实践的验证。

英国物理学家开尔文(Lord Kelvin)在即将进入20世纪的一次演说中曾讲："科学这艘航船，在战胜了大量的水下暗礁和猛烈的风暴之后，终于驶进了宁静的港湾，所有最重要的问题都得到了解决，剩下的只是更详细地解释一些细节，以及反复审核局部问题了。在物理学晴朗的天空还存在两朵令人不安的乌云：黑体辐射紫外灾难和迈克耳孙得到的地球相对于'以太'速度的零结果。"

现在我们知道，两朵乌云的解决导致了现代物理学的革命，诞生了相对论和量子论，它们深刻地改变了人们对物质世界的基本认识，把20世纪的物理学推到了顶峰。

本章介绍伽利略变换、力学相对性原理、狭义相对论基本原理、洛伦兹变换、狭义相对论的时空观和相对论力学。

8.1 伽利略变换与伽利略相对性原理

时间和空间，简称时空。物理学对时空的认识可以分为三个阶段：牛顿力学阶段、狭义相对论阶段和广义相对论阶段。狭义相对论是惯性系中的时空理论，不涉及引力问题。广义相对论则是任意参考系的时空和引力的理论。为了理解相对论时空观的变革，首先回顾一下牛顿力学的时空观。

8.1.1 绝对时空观与伽利略变换

具有确定的发生时间和地点的物理现象，称为**事件**。一个事件发生的时间和地点，称为该事件的**时空坐标**。例如，"一个闪光在某一时刻到达某一地点"就是一个事件，则该事件的时空坐标就是(x,y,z,t)。在讨论时空性质时，我们只关心时空坐标，而不再关心事件的具体内容。

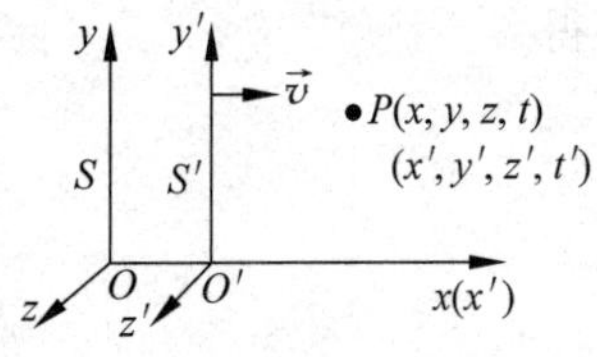

图8.1 事件的时空坐标变换

两个惯性系S和S'，如图8.1所示，S'系相对S系以速度v沿$x(x')$轴方向作匀速直线运动。在S系和S'系中，同一事

件 P 的时空坐标的测量值分别为(x,y,z,t)和(x',y',z',t')，那么它们之间的关系如何呢？这实际上涉及了两个惯性系之间时间和空间的变换问题。

在讨论这一问题时，两个惯性参考系所使用的尺子和时钟应该完全相同，即在不同的惯性系中，两把尺子的长度是相同的，两个时钟的快慢也是相同的。为了讨论简单起见，当两个坐标系的原点 O 与 O' 重合时，两个坐标系开始计时，即 $t=t'=0$。

研究物体的运动离不开长度和时间的测量，那么，在不同参照系中测量长度和时间是否相同？牛顿在《自然哲学的数学原理》中写道："绝对空间就其本性而言与外界任何事物毫无关系，它永远是同一的、不动的"；"绝对的、真实的数学时间本身按其本性而言是均匀流逝的，与外界任何事物无关"。即经典的时空观认为，长度和时间的测量是绝对的，与参考系无关。

由图 8.1 所示，考虑到牛顿时空观，可得

$$\left.\begin{aligned} x' &= x - vt \\ y' &= y \\ z' &= z \\ t' &= t \end{aligned}\right\} \tag{8.1}$$

该关系式称为伽利略时空变换式，简称伽利略变换，它是同一个事件在两个相对运动的惯性系中测得的时空坐标的关系。

以$\vec{u}$和$\vec{u}'$分别表示同一质点在 S 和 S' 系中的速度，由式(8.1)的前三式对时间 t 求导数，并考虑到 $t=t'$，得到

$$\left.\begin{aligned} u'_x &= u_x - v \\ u'_y &= u_y \\ u'_z &= u_z \end{aligned}\right\} \tag{8.2}$$

或写成矢量式

$$\vec{u}' = \vec{u} - \vec{v} \tag{8.3}$$

称为伽利略速度变换公式。

若两个事件 $P_1(x_1,y_1,z_1,t_1)$和 $P_2(x_2,y_2,z_2,t_2)$在 S 系中是同时发生的，则 $t_1=t_2$，即 $\Delta t=0$，那么，根据 $t=t'$，则可知这两个事件在 S' 系也是同时发生的。也就是说同时性是绝对的，与参考系无关。绝对时空观与日常生活经验是一致的，因而长期被人们认为是普遍正确的。伽利略变换就是绝对时空观的数学表述。

8.1.2 伽利略相对性原理

将式(8.3)对时间求导数，考虑到 $t'=t$，以及两个惯性系的相对速度 v 与时间无关，可得

$$\frac{\mathrm{d}\,\vec{u}'}{\mathrm{d}t'} = \frac{\mathrm{d}\,\vec{u}}{\mathrm{d}t} \tag{8.4}$$

即

$$\vec{a}' = \vec{a}$$

上式表明，同一质点的加速度在 S 系和 S' 系测得的量是相同的。

在牛顿力学中，一个质点的质量是不因其运动而改变的，因此，在 S 系和 S' 系测量同一质点的质量 m 和 m' 应相等，即 $m'=m$。牛顿力学中的力只跟质点的相对位置或相对运动有关，也是和参考系无关的，因此，在两惯性系中测量同一力所得的 $\vec{F}$ 和 $\vec{F}'$ 是相同的，即 $\vec{F}'=\vec{F}$。综上所述，若对于 S 系有 $\vec{F}=m\vec{a}$，则对于 S' 系必然有 $\vec{F}'=m'\vec{a}'$。这表明经过伽利略变换，牛顿第二定律的形式不变，即力学规律在一切惯性系中都具有相同的形式，这个结论称为力学相对性原理。历史上，早在牛顿定律建立之前，伽利略就通过观察和实验，论证了力学规律在所有惯性系中都是相同的，亦即从力学的观点看来所有惯性系都是等价的，因此，力学相对性原理也称为伽利略相对性原理。

8.2　狭义相对论的基本假设与洛伦兹变换

8.2.1　狭义相对论的基本假设

根据麦克斯韦电磁学理论，光在真空中的传播速率 $c=1/\sqrt{\varepsilon_0\mu_0}$，其中 ε_0 和 μ_0 分别为真空中的介电常量和磁导率，它们与参考系无关。因此，在任何惯性系中，光沿各个方向的传播速率都应该等于 c，或者说，对于描述电磁波的传播来说，所有的惯性系都是平等的。

这与伽利略相对性原理相矛盾。因为按照伽利略速度变换，如果在某一惯性系 S 中沿各个方向的光速都是 c，则在相对 S 系以速度 v 运动的惯性系 S' 中观测，沿运动方向的光速为 $c-v$，沿反方向的光速为 $c+v$。对于描述电磁波的传播来说，S 系和 S' 系是不平等的。

如果伽利略相对性原理是正确的，电磁学定律只是在绝对静止的惯性系中成立。这一绝对静止的惯性系称之为绝对参考系（或“以太”参考系）。按照光的“以太”假说，光在真空中传播也需要介质，这种介质称为“以太”；“以太”充满整个宇宙空间，并且是绝对静止的；在“以太”参考系中，沿各个方向的光速都是 c。

如果“以太”真的存在，地球就要相对“以太”运动，在地面上沿不同方向的光速就应该有差别。1881 年到 1887 年期间，迈克耳孙（A. A. Michelson）和莫雷（E. W. Morley）使用由迈克耳孙发明的精巧灵敏的干涉仪，试图通过测量不同方向光速的差别来确定地球相对“以太”的运动，得到的却是否定结果，即在地面上沿不同方向的光速相等。

爱因斯坦在前人，特别是洛伦兹（H. A. Lorentz）和庞加勒（L. H. Poincare）工作的基础上，另辟蹊径，抛弃了“以太”理论和绝对参考系的观念，将伽利略相对性原理加以推广，让电磁学理论服从推广后的相对性原理。爱因斯坦坚信相对性原理是自然界普遍规律的表现。在 1905 年 9 月德国《物理年鉴》发表的题为《论动体的电动力学》的论文中，他提出狭义相对论所依据的两条基本假设，创建了狭义相对论。

狭义相对论两个假设表述如下：

1. 相对性原理

物理定律在所有的惯性系中都是一样的，可以表示为相同的数学表达形式。或者说，惯性系对所有物理规律都是等价的。

2. 光速不变原理

在所有惯性系中,光在真空中的传播速度都等于 c,或者说,真空中的光速与光源和观察者的运动无关。作为基本物理常量,真空中光速的1986年的推荐值为

$$c = 299\,792\,458 \mathrm{m/s}$$

伽利略相对性原理仅说明了一切惯性系对力学规律是等价的,爱因斯坦相对性原理将这一等价性推广到包括力学和电磁学在内的一切自然规律上。除了迈克耳孙-莫雷实验之外,通过测量高速粒子所发射的 γ 射线(一种波长极短的光波)的速率,也能验证光速不变原理。奥瓦格(T. Alvager)等在1964年对加速器产生的速度高达 $0.999\,75c$ 的 π 介子衰变时发射的 γ 射线进行了测量。结果表明,沿 π 介子(光源)运动方向发射的 γ 射线的速率,与光速 c 极其一致。

8.2.2 洛伦兹变换

爱因斯坦依据这两个原理,得到了狭义相对论的坐标变换关系——洛伦兹变换式。荷兰物理学家洛伦兹为了弥合经典物理学的缺陷,早在1904年就已导出了这套关系式,但他的思想仍然停留在经典的时空观上,是爱因斯坦第一次给予洛伦兹变换以正确解释。

如图8.1所示,设有两个惯性系 S 和 S',S' 系以相对速度 v 沿 S 系的 x 轴正方向作匀速直线运动;对应坐标轴分别平行,且 x 与 x' 重合;当 $t=t'=0$ 时,原点 O 与 O' 重合。设某一事件在 S 系(如地面)和 S' 系(如列车)中的时空坐标分别为 (x,y,z,t) 和 (x',y',z',t'),则洛伦兹坐标变换式为

$$\left.\begin{aligned} x' &= \frac{x - vt}{\sqrt{1 - v^2/c^2}} \\ y' &= y \\ z' &= z \\ t' &= \frac{t - vx/c^2}{\sqrt{1 - v^2/c^2}} \end{aligned}\right\} \tag{8.5}$$

若设 S 系以 $-v$ 相对 S' 系运动,则可得其逆变换为

$$\left.\begin{aligned} x &= \frac{x' + vt'}{\sqrt{1 - v^2/c^2}} \\ y &= y' \\ z &= z' \\ t &= \frac{t' + vx'/c^2}{\sqrt{1 - v^2/c^2}} \end{aligned}\right\} \tag{8.6}$$

如何得到洛伦兹变换的阐述,请查阅所附参考书。由洛伦兹变换,可以看出空间、时间和运动是紧密联系在一起的。还可看到,为了使 x' 和 t' 保持为实数,v 不能大于 c。这表明两个参考系的相对速度不可能大于光速,因此,c 是自然界的一个极限速度。由于参考系总是借助于一定的物体而确定的,所以任何物体的速度都不可超过光速。当 S' 系相对 S 系的速度 $v \ll c$ 时,洛伦兹变换就过渡到伽利略变换。

8.3 狭义相对论的时空观

8.3.1 同时的相对性

爱因斯坦认为，凡是与时间有关的一切判断，都是与“同时”这个概念相关的。如我们说：某列火车 7 点钟到达这里，其含义是我的表短针指在 7 与该次列车到达这两个事件是同时的。按照伽利略变换，一个惯性系中同时发生的两个事件，在另一个惯性系中也同时发生，即同时是绝对的。但从狭义相对论基本原理出发，在另一个相对于它运动的惯性系中，并不一定同时发生，称之为同时的相对性。

设有 S 和 S' 两个惯性系，它们的相互关系如前。在 S' 系中有两个同时不同地的事件，其时空坐标分别为 (x_1', t') 和 (x_2', t')，如图 8.2 所示。按照洛伦兹变换，这两个事件在 S 系中发生的时刻分别为

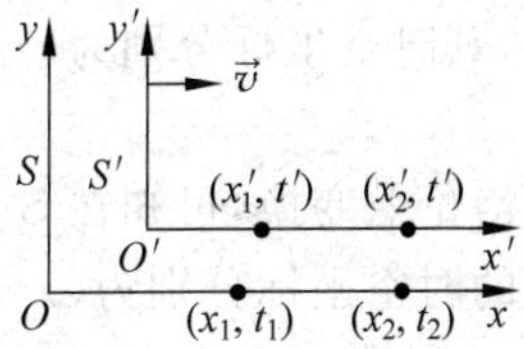

$$t_1 = \frac{t + vx_1'/c^2}{\sqrt{1 - v^2/c^2}}, \quad t_2 = \frac{t + vx_2'/c^2}{\sqrt{1 - v^2/c^2}}$$

图 8.2　同时性的相对性

将二者相减，可得这两个事件在 S 系中发生的时间间隔

$$t_2 - t_1 = \frac{v(x_2' - x_1')/c^2}{\sqrt{1 - v^2/c^2}} > 0 \tag{8.7}$$

由于这是两个不同地的事件，即 $x_1' \neq x_2'$，所以，$t_2 - t_1 \neq 0$，即在一个惯性系 S' 中同时发生的两个事件，在另一个相对它运动的惯性系 S 中观察，将不同时发生。$t_2 - t_1 > 0$ 说明处于前一个惯性系 S' 运动后方的事件 x_1' 总是先发生。因此，同时性是相对的，这是光速不变导致的。

例 8.1　如图 8.3 所示，一宇宙飞船相对地面以 $0.8c$ 的速度飞行，飞船上的观察者测得飞船的长度为 100m。一光脉冲从船尾传到船头，求地面上的观察者测量，光脉冲“从船尾发出”和“到达船头”这两个事件的空间间隔是多少。

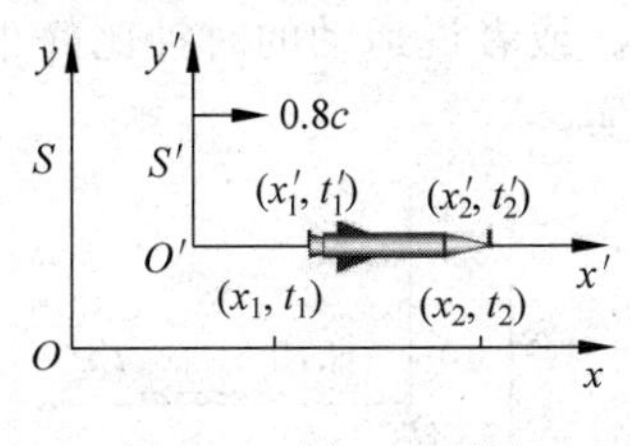

图 8.3　例 8.1 用图

解　只涉及时空变换的问题称为运动学问题，一般按以下步骤求解：

(1) 设定参考系。设飞船：S' 系；地面：S 系，S' 系相对 S 系以 $v = 0.8c$ 作匀速直线运动。

(2) 定义事件及其时空坐标。

事件 1：光脉冲从船尾发出。在 S' 系、S 系中时空坐标分别记为 (x_1', t_1') 和 (x_1, t_1)

事件 2：光脉冲到达船头。在 S' 系、S 系中时空坐标分别记为 (x_2', t_2') 和 (x_2, t_2)

(3) 由洛伦兹变换，计算两个事件在 S 系中的空间间隔。

已知：$x_2' - x_1' = 100\text{m}$，$t_2' - t_1' = (x_2' - x_1')/c$，代入洛伦兹变换式，得

$$x_2 - x_1 = \frac{(x_2' - x_1') + v(t_2' - t_1')}{\sqrt{1 - u^2/c^2}} = \frac{100 + 0.8 \times 100}{\sqrt{1 - 0.8^2}} = 300\text{m}$$

讨论：若按伽利略变换，这两个事件的空间间隔为

$$x_2 - x_1 = (x_2' - x_1') + v(t_2' - t_1') = 100 + 0.8c \times \frac{100}{c} = 180\text{m}$$

与洛伦兹变换的结果相差甚远。当飞船速度降低到 $v=0.08c$ 时，洛伦兹变换的结果为 108.3m，伽利略变换的结果为 108m，二者比较接近。所以，当 $u\ll c$ 时，洛伦兹变换蜕化到伽利略变换。另外，洛伦兹变换所得的 300m 是地面参考系所测得的火箭的长度吗？答案是：不是。300m 仅是这两个事件的空间间隔，而在地面测量火箭的长度为 60m，具体计算方法后面将介绍。

8.3.2 时间膨胀

按照经典力学的观点，两个事件的时间间隔或一个事件的持续时间(即发生和结束的时间间隔)在任何惯性系中都是相同的，即时间间隔是绝对的。而狭义相对论认为两个事件的时间间隔在不同惯性系中是不同的，即时间间隔具有相对性。

设有 S 和 S' 两个惯性系，它们的相互关系如前。在 S' 系中同一地点先后发生了两个事件，其时空坐标分别为 (x',t_1') 和 (x',t_2')，则在 S' 系中它们的时间间隔为

$$\Delta t' = t_2' - t_1' > 0$$

由洛伦兹变换，可知在 S 系中的这两个事件一定不同地发生，因此，设在 S 系中的这两个事件的时空坐标分别为 (x_1,t_1) 和 (x_2,t_2)，则二者时间间隔为

$$\Delta t = t_2 - t_1 = \frac{t_2' - vx'/c^2}{\sqrt{1-v^2/c^2}} - \frac{t_1' - vx'/c^2}{\sqrt{1-v^2/c^2}} = \frac{\Delta t'}{\sqrt{1-v^2/c^2}}$$

显然，$\Delta t > \Delta t'$。通常，我们将发生于惯性系中同一地点的两个事件之间的时间间隔，称为固有时或原时，一般用 τ_0 表示，在其他相对运动的惯性系中两个事件之间的时间间隔用 τ 来表示。于是

$$\tau = \frac{\tau_0}{\sqrt{1-v^2/c^2}} \tag{8.8}$$

由此可知，在某个惯性系中，两个事件发生在同一地点，则在这个惯性系中测得的这两个事件的时间间隔(即原时)最短。在其他参考系中这两个事件发生在不同地点，所测得的两个事件的时间间隔大于原时。这一相对论效应称为时间膨胀。或者说运动的时钟比静止的时钟走得慢。时间膨胀效应已在介子寿命研究实验中得到证实。

8.3.3 长度的相对性

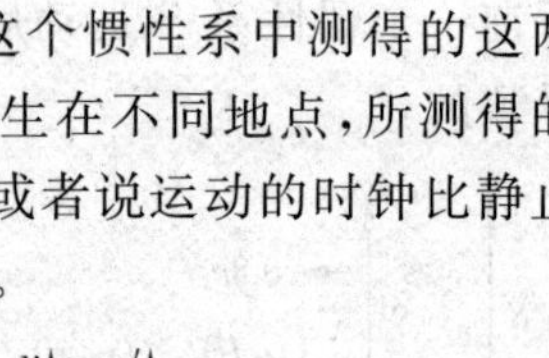

按照经典力学的观点，一根杆的长度在任何惯性系中测量，都是相同的，即长度是绝对的。而狭义相对论认为同一根杆在不同惯性系中测量，其长度是不同的，即长度具有相对性。

图 8.4 长度的相对性

设在 S' 系中沿 x 轴有一静止的杆，其两端点的空间坐标分别为 x_1' 和 x_2'，则杆在 S' 系中的长度为

$$l_0 = x_2' - x_1'$$

由于杆与 S' 系相对静止，空间坐标 x_1' 和 x_2' 不随时间变化，因此，是否同时记下坐标是无所谓的。通常，杆在与之静止的参考系测量的长度，被称之为固有长度或静长，一般用 l_0 表示。而杆相对于 S 系来讲，是运动着的，因此，杆的两个端点的空间坐标 x_1 和 x_2 是随时间变化的，所以，在 S 系中测量此杆的长度，必须于 S 系中在同一时刻 t，记录下杆两端的空间坐标 x_1 和 x_2，此时，在 S 系中测量的此杆的长度为

$$l = x_2 - x_1$$

根据洛伦兹变换，有

$$x_1' = \frac{x_1 - vt}{\sqrt{1 - v^2/c^2}}, \quad x_2' = \frac{x_2 - vt}{\sqrt{1 - v^2/c^2}}$$

由此可得

$$x_2' - x_1' = \frac{x_2 - x_1}{\sqrt{1 - v^2/c^2}}$$

将 $l_0 = x_2' - x_1'$ 和 $l = x_2 - x_1$ 代入上式，可得

$$l = l_0 \sqrt{1 - v^2/c^2} \tag{8.9}$$

上式表明，在与相对杆相对静止的惯性系中测得的杆的长度(即原长)最长。在相对杆运动的惯性系中沿运动方向测得的杆的长度小于原长。这一相对论效应，称之为长度收缩。长度收缩并非杆的内部微观结构发生了什么变化，而是空间间隔的测量具有相对性的结果。在与相对运动垂直的方向上，因为没有相对运动，所以没有长度收缩效应。

当 $v \ll c$ 时，$l \approx l_0$，长度近似不变，相对论力学过渡到牛顿力学。

例 8.2　原长为 50m 的火箭以 $v = 9 \times 10^3$ m/s 的速度相对于地面匀速飞行。在地面上的观测者测得飞行中的火箭的长度是多少？

解　由题意可知，火箭的固有长度 $l_0 = 50$m，用 l 表示地面上观测者测得飞行中的火箭长度，按式(8.9)有

$$l = l_0\sqrt{1 - \frac{v^2}{c^2}} = 50 \times \sqrt{1 - \left(\frac{9 \times 10^3}{3 \times 10^8}\right)^2}$$

$$\approx 50 \times \left[1 - \frac{1}{2} \times (3 \times 10^{-5})^2\right] = 49.999\,999\,98\text{m}$$

结果表明，这样大的速度，对于火箭的长度缩短效应是微乎其微的。

例 8.3　在 $h_0 = 6\,000$m 的高层大气中产生了一个 μ 子，μ 子以 $0.998c$ 的速度竖直向地面飞来。静止的 μ 子的平均寿命为 2×10^{-6}s，问 μ 子在衰变以前能否到达地面？

解　地面上的观测者，按经典理论计算，粒子走过的距离为

$$d_1 = v\Delta t_0 = (0.998 \times 3 \times 10^8) \times (2 \times 10^{-6}) = 598.8\text{m}$$

$d_1 < h_0$，因此，它似乎不可能到达地面。实际上，μ 子的速度与光速 c 可以比拟，必须考虑相对论效应。μ 子相对地面运动，在地面的观测者看来，它的平均寿命为

$$\Delta t = \frac{\Delta t_0}{\sqrt{1 - \frac{v^2}{c^2}}} = \frac{2 \times 10^{-6}}{\sqrt{1 - 0.998^2}} = 31.6 \times 10^{-6}\text{s}$$

地面上的观测者所计算的 μ 子可飞行的距离为

$$d_2 = v\Delta t = (0.998 \times 3 \times 10^8) \times (31.6 \times 10^{-6}) = 9\,461\text{m}$$

$d_2 > h_0$，因此，按 μ 子的平均寿命，它能到达地面。

8.4　相对论速度变换

利用洛伦兹变换可以得到相对论的速度变换公式。用 (x, y, z, t) 和 (x', y', z', t') 分别表示运动质点 P 在 S 系和 S' 系中的时空坐标，用 (u_x, u_y, u_z) 和 (u_x', u_y', u_z') 分别表示质点 P

在 S 系和 S' 系中的速度分量。对洛伦兹关系两边取微分,并考虑到惯性系 S 和 S' 之间的相对速度 v 是常数,则有

$$\left.\begin{aligned} dx' &= \frac{dx - vdt}{\sqrt{1-v^2/c^2}} \\ dy' &= dy \\ dz' &= dz \\ dt' &= \frac{dt - v/c^2 dx}{\sqrt{1-v^2/c^2}} \end{aligned}\right\}$$

将前三式分别与第四式相除,再根据速度定义

$$u_x = \frac{dx}{dt},\quad u_y = \frac{dy}{dt},\quad u_z = \frac{dz}{dt}$$

$$u'_x = \frac{dx'}{dt'},\quad u'_y = \frac{dy'}{dt'},\quad u'_z = \frac{dz'}{dt'}$$

即可得到

$$\left.\begin{aligned} u'_x &= \frac{dx'}{dt'} = \frac{u_x - v}{1 - u_x v/c^2} \\ u'_y &= \frac{dy'}{dt'} = \frac{u_y\sqrt{1-v^2/c^2}}{1 - u_x v/c^2} \\ u'_z &= \frac{dz'}{dt'} = \frac{u_z\sqrt{1-v^2/c^2}}{1 - u_x v/c^2} \end{aligned}\right\} \tag{8.10}$$

上式就是相对论的速度变换公式。其逆运算可根据相对性原理,将 v 换成 $-v$,带撇的量和不带撇的量互换而得到

$$\left.\begin{aligned} u_x &= \frac{u'_x + v}{1 + u'_x v/c^2} \\ u_y &= \frac{u'_y\sqrt{1-v^2/c^2}}{1 + u'_x v/c^2} \\ u_z &= \frac{u'_z\sqrt{1-v^2/c^2}}{1 + u'_x v/c^2} \end{aligned}\right\} \tag{8.11}$$

式(8.10)和式(8.11)是狭义相对论速度变换公式,也称为爱因斯坦速度变换,它是同一物体在两个参考系之间的速度变换。当 $v \ll c$ 时,爱因斯坦速度变换就变成伽利略速度变换,因此伽利略速度变换是爱因斯坦速度变换在低速下的近似。当 v 接近于 c 时,伽利略速度变换不再适用,而必须应用爱因斯坦速度变换。

例 8.4 飞船 A 和飞船 B 各以 $0.8c$ 和 $0.6c$ 的速度相对于地面分别向右和向左飞行。由飞船 B 测得飞船 A 的速度多大?

解 现在涉及三个客体,选飞船 A 为运动物体,飞船 B 为 S' 系,地球为 S 系。飞船 A 相对地面的速度为 $u_x = 0.8c$,S' 系相对 S 系的速度为 $v = -0.6c$(式中负号表示 S' 系相对于 S 系的速度沿 x 轴的负方向),飞船 A 相对于飞船 B 的速度为 u'_x,根据式(8.10),有

$$u'_x = \frac{u_x - v}{1 - \frac{u_x v}{c^2}} = \frac{0.8c - (-0.6c)}{1 - \frac{0.8c \times (-0.6c)}{c^2}} = 0.946c$$

8.5　狭义相对论动力学基础

按照狭义相对论,任何物理定律都遵循相对论性原理,物理定律的形式在所有惯性系中的形式都是相同的,即具有洛伦兹变换不变性。而牛顿力学建立在绝对时空观基础上,其基本定律都具有伽利略不变性。在洛伦兹变换下,其形式要发生改变。因此,我们必须对动量、质量、能量等物理量的定义及其相互作用的变化规律进行深入的再认识。但是,因为牛顿力学在低速下是正确的,所以,相对论中物理量在 $v \ll c$ 时,必须对应牛顿力学中的物理量。作为自然界中的基本规律,这些物理量的变化规律严格遵循能量守恒定律、动量守恒定律和质量守恒定律。

8.5.1　质量与速度的关系

由牛顿第二定律一般形式可知

$$\vec{F} = \frac{\mathrm{d}\vec{p}}{\mathrm{d}t} = \frac{\mathrm{d}}{\mathrm{d}t}(m\vec{v})$$

由于经典力学认为物体的质量是恒量,与运动没有关系,因此上式可以表示为

$$\vec{F} = m\vec{a}$$

该式具有伽利略变换不变性,并且,若假设 $\vec{F} = m\vec{a}$ 成立的话,只要对物体施一恒力,就可获得一有限加速度,只要作用时间足够长,物体的速度就可以超过光速,这是与相对论基本原理矛盾的。

问题的原因出在,经典力学将质量看成是绝对的。狭义相对论证明,物体的质量与其速度有关,其关系为

$$m = \frac{m_0}{\sqrt{1 - v^2/c^2}} \tag{8.12}$$

式中,m_0 是物体静止时的质量,称为静止质量; m 是物体以速度 v 运动时的质量,又称为相对论性质量。该式称为相对论的质速关系式,质量 m 随速度 v 变化的曲线如图 8.5 所示。它揭示了物质与速度不可分割的特性。

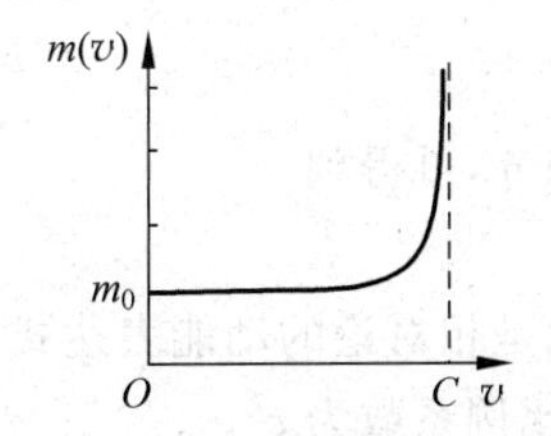

图 8.5　物体的质速(m-v)关系

1901 年,考夫曼(W. Kaufmann,1871—1947)在实验中发现,高速电子的荷质比(e/m)随速率增加而减小。根据电荷守恒定律,他假定电子电量不随电子运动速率变化,否则原子不会严格地保持电中性。于是他得出了质量 m 随 v 增大而增大的结论。目前,在高能粒子加速器上,电子可以加速到 $v=0.999\,999\,999\,987c$,运动质量与静止质量的比值达到 $\frac{m}{m_0}=10^5 \sim 10^6$。宇宙射线中某些高能粒子的质量比 $\frac{m}{m_0}$ 可达 10^{11} 数量级。质速关系已经被现在的人们普遍接受,并成为狭义相对论的一个基本关系。

对于 $v=c$ 的这个极限情况,只有当 $m_0=0$ 时才有可能。就目前已知的,自然界中以真空中的光速 c 运动的粒子只有光子、引力子和胶子等少数几种粒子。

由于 $m=m(v)$,因此,m 又称运动质量。由于运动的相对性,同一物体在不同惯性系中的运动速度不同,因而其质量也不同,由质速关系,其相对论动量为

$$\vec{p} = m(v)\vec{v} = \frac{m_0}{\sqrt{1-v^2/c^2}}\vec{v} \tag{8.13}$$

8.5.2 质能关系式

在相对论力学中,动能定理仍具有牛顿力学中的形式,即力对质点所做的功等于质点动能的增量。其微分表达式为

$$\mathrm{d}E_\mathrm{k} = \vec{F}\cdot\mathrm{d}\vec{r}$$

下面我们考察相对论动能公式。由上式,可得

$$\mathrm{d}E_\mathrm{k} = \vec{F}\cdot\mathrm{d}\vec{r} = \frac{\mathrm{d}(m\vec{v})}{\mathrm{d}t}\cdot\mathrm{d}\vec{r} = \vec{v}\cdot\mathrm{d}(m\vec{v}) = \vec{v}\cdot\vec{v}\mathrm{d}m + m\vec{v}\cdot\mathrm{d}\vec{v}$$

对于恒等式$\vec{v}\cdot\vec{v}=v^2$ 的两边求微分,可得 $2\vec{v}\cdot\mathrm{d}\vec{v}=2v\mathrm{d}v$,所以

$$\mathrm{d}E_\mathrm{k} = \vec{F}\cdot\mathrm{d}\vec{r} = v^2\mathrm{d}m + mv\mathrm{d}v$$

又 $m=\dfrac{m_0}{\sqrt{1-v^2/c^2}}$平方后可得

$$m^2c^2 = m_0^2c^2 + m^2v^2$$

对其两边求微分,可得

$$2m\mathrm{d}mc^2 = 2m^2v\mathrm{d}v + 2mv^2\mathrm{d}m$$

于是

$$c^2\mathrm{d}m = mv\mathrm{d}v + v^2\mathrm{d}m$$

所以,有

$$\mathrm{d}E_\mathrm{k} = c^2\mathrm{d}m$$

当质点由静止运动到速度 v,质量由 m_0 变化到 m,位置由 1 变到 2 时,质点的动能为

$$E_\mathrm{k} = \int_0^v \mathrm{d}E_\mathrm{k} = \int_1^2 \vec{F}\cdot\mathrm{d}\vec{r} = \int_{m_0}^m c^2\mathrm{d}m$$

经积分,可得到

$$E_\mathrm{k} = mc^2 - m_0c^2 \tag{8.14}$$

这就是相对论的动能表达式。该式表明,质点的动能与运动所引起的质点质量的增量成正比,比例系数为 c^2。

容易证明,当 $v \ll c$ 时,即当物体的速度远小于光速时,则有

$$\begin{aligned} E_\mathrm{k} &= \frac{m_0}{\sqrt{1-v^2/c^2}}c^2 - m_0c^2 \\ &= \left(1 + \frac{1}{2}\frac{v^2}{c^2} + \frac{3}{8}\frac{v^4}{c^4} + \cdots\right)m_0c^2 - m_0c^2 \\ &\approx \frac{1}{2}m_0v^2 \end{aligned}$$

这就是经典力学中的动能表达式。

相对论动能 $E_k=mc^2-m_0c^2$ 关系中，爱因斯坦把 mc^2 称为物体的总能量，将 m_0c^2 称为物体的静止能量(简称静能)。$mc^2=E_k+m_0c^2$ 表明，物体的总能量等于物体的静能与动能之和。用 E 和 E_0 分别表示物体的总能量和静能，即

$$\begin{cases} E = mc^2 \\ E_0 = m_0c^2 \end{cases} \tag{8.15}$$

这就是相对论的质能关系式。这一关系使经典力学中认为完全独立的质量守恒和能量守恒两个定律融合为一个整体。

当物体质量有 Δm 的变化时，其总能量也有 ΔE 的变化，反之亦然，即

$$\Delta E = \Delta mc^2 \tag{8.16}$$

这是质能关系的另一表述形式。质能关系在近代物理研究中非常重要，对原子核物理以及原子能的利用方面，都具有重要的指导意义。

例 8.5　试计算热核反应

$${}_1^2\mathrm{H} + {}_1^3\mathrm{H} \longrightarrow {}_1^3\mathrm{He} + {}_0^1\mathrm{n}$$

过程中释放的能量。已知各粒子静止质量分别为

氘核 $m_D=3.3437\times10^{-27}$ kg，氚核 $m_T=5.0049\times10^{-27}$ kg，氦核 $m_{He}=6.6425\times10^{-27}$ kg，中子 $m_n=1.6750\times10^{-27}$ kg。

解　反应前后，系统的静止质量之差(即质量亏损)为

$$\Delta m_0 = (m_D + m_T) - (m_{He} + m_n) = 0.031 \times 10^{-27}\,\mathrm{kg}$$

在核反应中，与质量亏损相对应的静止能量的减少量即为动能增量，也就是热核反应释放的能量。

$$\Delta E_K = \Delta m_0 c^2 = 2.799 \times 10^{-12}\,\mathrm{J}$$

1kg 这种核燃料所释放的能量为

$$\frac{\Delta E_K}{m_D + m_T} = 3.35 \times 10^{14}\,\mathrm{J/kg}$$

燃烧 1kg 优质煤放出的能量约为 2.93×10^7 J，还不足这一热核反应释放出的能量的千万分之一。

8.5.3　能量与动量的关系

由质速关系 $m=\dfrac{m_0}{\sqrt{1-v^2/c^2}}$，平方后可得 $m^2(1-v^2/c^2)=m_0^2$，等式两边同时乘以 c^2，可得

$$m^2c^4 = m_0^2c^4 + m^2v^2c^2$$

由质能关系 $E=mc^2$ 和动量 $\vec{p}=m\vec{v}$ 的定义，上式可写为

$$(mc^2)^2 = p^2c^2 + (m_0c^2)^2$$

即

$$E^2 = p^2c^2 + E_0^2 \tag{8.17}$$

这就是相对论的动量能量关系式。这也是相对论最重要的结论之一，在高能物理的研究中具有非常重要的意义。

对于光子，其静止质量为 0，即 $m_0=0$，上式即为

$$E = pc$$

若光子的频率为 ν,能量 $E=h\nu$,则光子的质量为

$$m = \frac{E}{c^2} = \frac{h\nu}{c^2}$$

其动量为

$$p = \frac{E}{c} = \frac{h\nu}{c} = \frac{h}{\lambda}$$

其中,h 为普朗克常数,$h=6.626\,176\times10^{-34}\,\mathrm{J\cdot s}$。

第9章

气体分子动理论

组成物质的大量分子都在作永不停息的无规则**热运动**,热运动的集体表现称为**热现象**。**热学**是研究物质在热状态下的相关性质和规律的物理学的一门分支学科。热学研究的对象叫做**热力学系统**,本章简称**系统**。处于系统外与系统的状态直接相关的一切环境称**外界**,与外界不发生物质交换和能量交换的系统,称为**孤立系统**。描述系统宏观性质的物理量叫**宏观量**,例如系统的体积 V、压强 p 和温度 T 等。宏观量一般可以由实验直接观测。通过实验总结出系统宏观量之间关系的研究方法,称为**热力学**。热力学理论具有可靠性和普遍性。

热现象的本质是构成物质的大量微观粒子(本书限于分子尺度)无规则热运动的结果。描述分子运动状态的物理量叫**微观量**,例如分子的质量 m、速度 $\vec{v}$ 和能量 ε 等。由于分子的微观量在热运动中瞬息万变,且分子数量巨大,一般不能直接观测。虽然每个分子运动具有无规则性,但大量分子集体行为却存在着内在的规律——**统计规律**。借助**统计物理学**,我们不再追求个别分子的运动细节,而是着力研究大量分子集体行为的规律,将宏观量视为相应微观量的**统计平均值**,并从物质的微观结构出发,通过求统计平均来推导系统的宏观量及其之间的关系。应该指出的是,统计物理学虽然能揭示热现象的微观本质,但由于所作理论推导只是基于简化的模型假设,所得结果往往与实际情况不完全一致,仅是近似的。在热学研究中,统计物理学给出了热力学规律的微观解释和微观图像,热力学为统计物理学的建立提供了实验基础,两者相互关联,相辅相成。

气体动理论是统计物理学的初级理论,它把单个分子作为统计的个体,直接对微观量求统计平均得到宏观量。这种统计方法只适用于分子间的相互作用力十分微弱,且分子的运动几乎是彼此独立的系统。

本章以理想气体为例介绍气体动理论。

9.1 热力学系统与平衡态

热力学系统是由大量微观粒子组成的。所谓大量,是指系统一般所含分子的数量应以阿伏伽德罗常数($N_A=6.023\times10^{23}\,\text{mol}^{-1}$)为量级。一个热力学系统在无外界影响的条件下,经过足够长的时间后,系统的宏观性质不再随时间变化的状态,称为**热力学平衡态**,简称**平衡态**。平衡态并不要求系统不受外力的作用,只是要求系统与外界达到力的平衡。忽略重力的作用,平衡态气体内部的密度、压强和温度处处相同。

当系统达到平衡态时,从微观方面看,组成系统的分子的热运动并未停止,只是分子运动的平均效果不随时间改变,因此,热力学中的平衡是动态平衡,通常把这种平衡叫热动平衡。如图 9.1 所示,盛有气体的容器处于平衡态,把容器想象地分成体积相同的两部分,达到平衡时,分界处两侧粒子仍有相互穿越的现象。

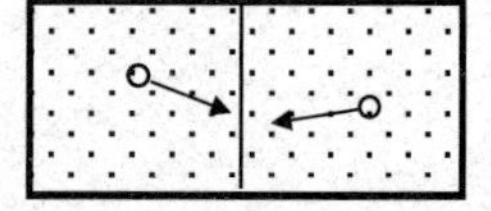

图 9.1 气体的热动平衡

下面提到的状态均指平衡态。

9.2 理想气体状态方程

在热学中,为了描述系统的平衡态所具有的特性,需要引入相关的物理量作为描述状态的参数,称为**状态参量**。对于一定量的气体的状态,一般用三个状态参量来表征:气体的体积 V、压强 p 和温度 T。

体积在国际单位制(SI)中,单位是“立方米”(m^3),有时也用“升”(L),$1L=10^{-3}m^3$。压强的国际单位是“帕[斯卡]”(Pa),$1Pa=1N/m^2$;常用单位还有标准大气压(atm),$1atm=1.013\times10^5$ Pa。温度的常用温标有两种,一种是国际单位制中的热力学温标 T,单位为“开[尔文]”(K),且 1K 等于水的三相点热力学温度的 1/273.16;另一种是摄氏温标 t,单位是摄氏度(℃),它与热力学温标的关系为:$t=T-273.15$。

物理学的理论都是建立在简化的理想模型的基础上的。理想气体就是实际气体在温度不太低、压强不太大时的理想模型。理想气体分子之间的相互作用力除在相互碰撞的瞬间存在外,其他时候都可以忽略不计。在常温下的氧气、氢气、空气和二氧化碳及氮气这些不易液化的真实气体,都可以看成是理想气体。

1834 年克拉珀龙(法国,Clapeyron,1799—1864)在玻意耳(英国,R. Boyle,1627—1691)、盖·吕萨克(法国,Gay-Lussac,1778—1850)、查理(法国,Charles,1746—1823)的实验定律的基础上得到了平衡态下**理想气体状态方程**,即

$$pV=\nu RT \tag{9.1}$$

其中,$R=8.31$J/mol·K,称为**气体普适常量**,$\nu=M/\mu$ 为气体的摩尔数,M 和 μ 分别代表气体的质量和摩尔质量。

设系统的总分子数为 N,则气体的摩尔数 $\nu=N/N_A$,将其代入式(9.1),得

$$p=\frac{N}{V}\frac{R}{N_A}T \tag{9.2}$$

式中,N/V 称为分子数密度,用 n 表示;R/N_A 称为**玻耳兹曼常量**,用 k 表示,$k=1.38\times10^{-23}$J/K。因此,式(9.2)可写成

$$p=nkT \tag{9.3}$$

上式为热力学中的理想气体状态方程的另一种形式。

对于包含几种成分的混合理想气体,其处于平衡态时,混合气体的压强等于各组分以混合气体的温度和体积单独存在时的压强之和,故而,由式(9.3)可得

$$p=\sum_i p_i=\sum_i n_i kT=nkT \tag{9.4}$$

其中,$p_i=n_ikT$ 为第 i 组分气体的分压强;n_i 是该组分气体的分子数密度。

9.3 理想气体压强的微观公式

压强是物体单位面积上所受到的正压力，气体施予容器壁的压强是大量分子对器壁不断碰撞的结果。就单个分子而言，对器壁的碰撞是间断的、随机的，但对大量分子而言，每一时刻都有很多分子频繁地与器壁相碰，所以在宏观上表现出恒定的、持续的撞击力。因此，器壁单位面积受到分子正面撞击力的统计平均值，就是气体的压强。对于处于平衡态的理想气体，其内部的压强处处相等，等于器壁受到的压强。

9.3.1 理想气体的微观模型

实际气体分子的形状和运动都十分复杂，为了在讨论中突出主要问题，我们对实际分子进行简化，提出理想气体如下的微观模型。

(1) 分子的大小比分子间平均距离小很多，把分子看成刚性小球(质点)；

(2) 除碰撞的瞬间外，分子间及分子与器壁间没有相互作用力；

(3) 分子与器壁之间的碰撞是弹性的；

(4) 分子的运动服从牛顿力学规律。

9.3.2 理想气体的统计假设

1. 统计假设

对处于平衡态的理想气体，单个分子的运动是随机的、无规律的，大量分子的集体行为服从统计规律，因此，我们可以作如下的统计假设：

(1) 如果忽略外力场的影响，分子按空间位置的分布是均匀的，即分子的数密度处处相等；

(2) 在平衡态时，分子向各个方向运动的概率相等，即分子速度按方向的分布是均匀的。

2. 统计平均值

设一个由 N 个分子组成的系统处于某一状态，对于某一物理量 W，如果在这 N 个分子中，有 N_1 个分子的 W 取值为 W_1，N_2 个分子的 W 取值为 W_2，……，则物理量 W 的算术平均值为

$$\overline{W}=\frac{N_1W_1+N_2W_2+\cdots}{N}=\sum_i\frac{N_i}{N}W_i \tag{9.5}$$

式中，$N=\sum\limits_i N_i$，N_i/N 为 W 取值为 W_i 的分子数占总分子数的百分比，或称一个分子 W 取值为 W_i 的概率。一般 $\overline{W}$ 的值与分子数 N 有关，$\overline{W}$ 与 N 的依赖关系随 N 增大而减弱。当 N 增大到 $\overline{W}$ 与 N 无关时，就把 $\overline{W}$ 称为物理量 W 在该状态上的**统计平均值**。

在一定的宏观条件下，对系统的某一物理量的某一次测量值并不一定等于它的统计平

均值,这称为在统计平均值附近的**涨落**。只有当系统的分子数 N 为一大数时,涨落相对统计平均值很小,此时才可以用统计平均值来代表宏观测量值。如果分子数 N 很小,涨落就会很显著,平均值也就失去了确切的意义。

在直角坐标系中,分子在三个坐标轴上的速度分量的统计平均值,按式(9.5)计算,可得

$$\overline{v_x}=\frac{\sum_i v_{ix}}{N},\quad \overline{v_y}=\frac{\sum_i v_{iy}}{N},\quad \overline{v_z}=\frac{\sum_i v_{iz}}{N}$$

其中,v_{ix}、v_{iy}、v_{iz} 代表第 i 个分子速度分量。如果系统处于平衡态,则分子沿各个方向运动的概率相等,有

$$\overline{v_x}=\overline{v_y}=\overline{v_z}=0 \tag{9.6}$$

上式表明,平衡态下,气体分子沿 x、y、z 三个方向的速度分量的统计平均值相等,且为0。

分子在三个坐标轴上的速度分量平方的统计平均值,按式(9.5)计算,可得

$$\overline{v_x^2}=\frac{\sum_i v_{ix}^2}{N},\quad \overline{v_y^2}=\frac{\sum_i v_{iy}^2}{N},\quad \overline{v_z^2}=\frac{\sum_i v_{iz}^2}{N}$$

其中,v_{ix}^2、v_{iy}^2、v_{iz}^2 为第 i 个分子速度分量的平方。同理如前,亦有

$$\overline{v_x^2}=\overline{v_y^2}=\overline{v_z^2} \tag{9.7}$$

对于第 i 个分子,有 $v_{ix}^2+v_{iy}^2+v_{iz}^2=v_i^2$,则对 i 求和并除以 N,得

$$\frac{\sum_i v_{ix}^2}{N}+\frac{\sum_i v_{iy}^2}{N}+\frac{\sum_i v_{iz}^2}{N}=\frac{\sum_i v_i^2}{N}$$

即

$$\overline{v_x^2}+\overline{v_y^2}+\overline{v_z^2}=\overline{v^2} \tag{9.8}$$

其中,$\overline{v^2}=\sum_i v_i^2\Big/N$ 代表分子速度平方的统计平均值。考虑到式(9.7),可得

$$\overline{v_x^2}=\overline{v_y^2}=\overline{v_z^2}=\frac{1}{3}\overline{v^2} \tag{9.9}$$

上式表明,平衡态下,气体分子沿 x、y、z 三个方向的速度分量平方的统计平均值相等,等于速度平方的统计平均值的1/3。

9.3.3 理想气体的压强公式

图9.2表示一个边长为 L_1、L_2、L_3 的长方体容器,贮有 N(大数)个质量为 m 的理想气体分子,并处于平衡态。忽略重力的作用,容器内压强处处相等。因此,只要推导出容器一面器壁所受的压强,就得到了气体的压强。

设右侧器壁面积为 A,第 i 分子以速度 $\vec{v}$ 向 A 面撞去,其速度的 x 分量为 v_{ix},且 $v_{ix}>0$,由于碰撞是弹性的,并且分子质量远远小于器壁的质量,由动量定理可知,它受到器壁 A 的冲量为 $-2mv_{ix}$。

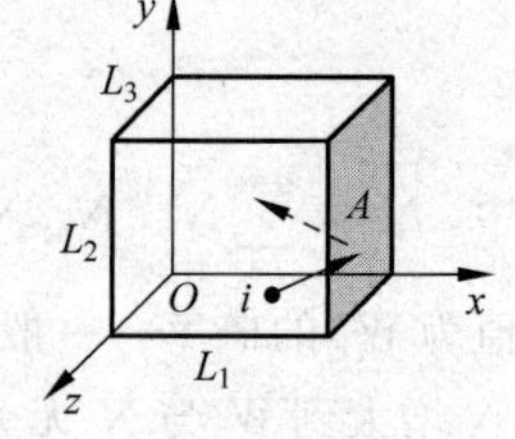

图9.2 压强公式的推导

由牛顿第三定律,此分子碰撞对 A 的冲量为 $I_{ix}=2mv_{ix}$。在 Δt 时间内,分子碰撞器壁 A 的频率为

$$K = \frac{v_{ix}\Delta t}{L_1} \quad (\text{此时 } v_{ix} > 0) \tag{9.10}$$

当分子距器壁的距离小于 $v_{ix}\Delta t$，才会与器壁 A 碰撞。在 Δt 时间内，分子对器壁 A 的平均冲量为 $I_{ix}K$，对器壁 A 的平均作用力为

$$F_{ix} = \frac{I_{ix}K}{\Delta t} = \frac{2mv_{ix}^2}{L_1}$$

那么，在 Δt 时间内，所有分子对器壁 A 的总作用力为

$$F_x = \sum_{v_{ix}>0} F_{ix} = \frac{2m}{L_1}\sum_{v_{ix}>0} v_{ix}^2 = \frac{2m}{L_1}\cdot\frac{1}{2}\sum_i v_{ix}^2 = \frac{m}{L_1}\cdot\sum_i v_{ix}^2 \tag{9.11}$$

将 $\overline{v_x^2} = \dfrac{\sum\limits_i v_{ix}^2}{N}$ 代入到上式，可得

$$F_x = \frac{mN}{3L_1}\overline{v^2}$$

将其除以器壁 A 的面积（$=L_2L_3$），则可得器壁 A 所受的压强 p 为

$$p = \frac{F_x}{A} = \frac{F_x}{L_2L_3} = \frac{mN}{3L_1L_2L_3}\overline{v^2} = \frac{1}{3}\cdot\frac{N}{V}\cdot m\overline{v^2} = \frac{1}{3}nm\overline{v^2} \tag{9.12}$$

其中，$n=N/L_1L_2L_3$ 是容器内分子的数密度；$\overline{v^2}$ 为分子速度平方的统计平均值。由于 $\bar{\varepsilon}_t = \dfrac{1}{2}m\overline{v^2}$ 是分子的平均平动动能，所以式(9.12)可写成

$$p = \frac{2}{3}n\bar{\varepsilon}_t \tag{9.13}$$

可见，该式把宏观量 p 和统计平均值 $\bar{\varepsilon}_t$（或 $\overline{v^2}$）联系了起来，显示了宏观量和微观量之间的关系。它表明压强是一个具有统计意义的宏观物理量，它只适用于大量分子组成的系统。从气体动理论的观点来看，n 越大，单位时间内碰撞器壁的次数就越多，从而施加在器壁上的平均冲力增加，压强也就越大；气体分子的平均平动能越大，分子运动速度就越大，单位时间内碰撞器壁的平均次数以及每一次碰撞施予器壁的冲量将会增多，因而施加在器壁上的压强也会增加。

虽然上式是以长方体容器为例推导出来的，但可以证明，它适用于其他任意形状的容器的情况。

9.4　温度的微观意义

将 $p=\dfrac{2}{3}n\bar{\varepsilon}_t$ 与 $p=nkT$ 比较，可得分子的平均平动动能为

$$\bar{\varepsilon}_t = \frac{1}{2}m\overline{v^2} = \frac{3}{2}kT \tag{9.14}$$

上式说明，理想气体分子的平均平动动能与温度有关，温度揭示了物质内部分子无规则运动的剧烈程度，它也是一个具有统计意义的宏观物理量，只能用于大量分子的集体。对单个分子或少量分子，谈及温度是没有意义的。

从 $\bar{\varepsilon}_t = \dfrac{3}{2}kT$ 可以看到，由于系统中分子的热运动永远也不会停息，即 $\bar{\varepsilon}_t = \dfrac{1}{2}m\overline{v^2}$ 不可

能为零,所以**热力学第三定律**指出:绝对零度是永远不可能达到的。当 $T\to 0$ 时,气体也早已变为液态和固态,温度公式已经不再适用了。那么,温度是如何测量的?1939 年福勒(R. H. Fowler)提出了有关热平衡的**热力学第零定律**,为测量温度奠定了理论基础。经验告诉我们,把两个温度不同的铁块放在一起,经过足够长的时间后,这两个铁块的温度一致,即达到了热平衡。**热力学第零定律**指出:如果两个物体分别与第三个物体达到了热平衡,则这两个物体也一定处于热平衡状态。根据这一定律,一切互为热平衡的系统具有共同的温度,任何一个与待测温度的系统达到热平衡的系统都可以作为温度计,这为温度的测量提供了一种依据。

例 9.1 一容积为 10cm^3 的电子管,当温度为 300K 时,用真空泵把管内空气抽成压强为 $5\times10^{-6}\text{mmHg}$ 的高真空,问此时管内有多少个空气分子?这些空气分子的平均平动动能的总和是多少?($760\text{mmHg}=1.013\times10^5\text{Pa}$)

解 设管内总分子数为 N,由理想气体状态方程,有

$$p = nkT = \frac{N}{V}kT$$

可得电子管中的空气分子数为

$$N = \frac{pV}{kT} = 1.61\times10^{12}\text{ 个}$$

所以,这些空气分子的平均平动动能的总和为

$$\overline{E}_\text{k} = \frac{3}{2}NkT = 10^{-8}\text{J}$$

9.5 分子的自由度与能量均分定理

9.5.1 自由度

在推导理想气体的压强公式时,我们把气体中每一个分子都看成是质点,但实际的分子一般由多原子构成,分子除了平动之外,还可能有转动及分子内原子的振动,因此,在空间当中确定一个分子的位置并不简单。确定一个物体在空间的位置所需要的独立坐标数,我们称为该物体的**自由度**。

分子的自由度包括确定其质心位置的平动自由度和确定其空间取向的转动自由度。对于双原子分子和多原子分子,还要确定分子中各原子之间相对位置的振动自由度。但在常温下对双原子气体分子可以不考虑振动自由度,即认为分子是**刚性**的。

单原子分子(如 He、Ne、Ar 等)可看成质点,确定其位置只需三个独立坐标 x、y、z,因此,只有三个**平动自由度**,记为 t,如图 9.3(a)所示。

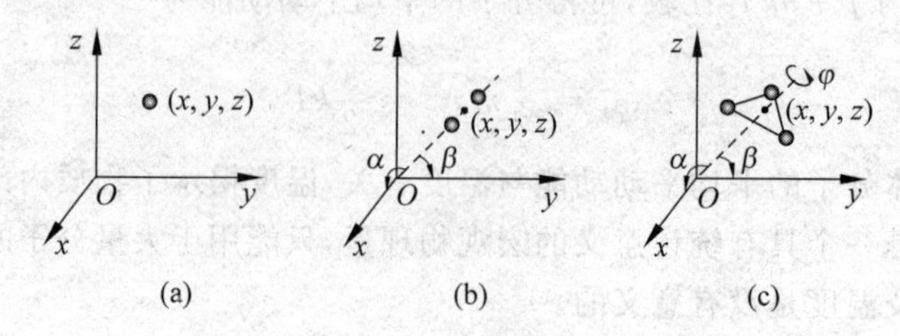

图 9.3 分子的平动和转动自由度

(a) 单原子分子;(b) 刚性双原子分子;(c) 刚性多原子分子

对于刚性双原子分子，如 H_2、O_2、N_2 等，它们是由一条化学键连接的线状分子，需要三个平动自由度确定其质心位置，确定两个原子连线的方位还需要连线与 x、y 轴的夹角 α、β 这两个独立坐标，称之为**转动自由度**，记为 r。由于双原子分子绕连线的转动惯量十分微小，对应的转动能可以忽略不计，所以不考虑绕连线转动的自由度。因此，刚性双原子分子的自由度是 5，其中平动自由度是 3，转动自由度是 2，如图 9.3(b)所示。

对于刚性多原子分子，自由度的数目要根据其结构的情形而定。一般而言，如果多原子分子中的原子不排列在一条直线上(非直线型分子)，例如 H_2O 分子，则除了决定质心位置的三个平动自由度和确定其过分子质心轴方位的两个转动自由度之外，还需要一个描述整个分子绕质心轴转动的角度 φ，最终的转动自由度是 3，如图 9.3(c)所示。因此，如果把非直线型多原子分子看成刚性分子，则其自由度是 6。

通常用 i 代表分子的总自由度。对于单原子分子，$i=3$；刚性双原子分子，$i=5$；刚性非直线型多原子分子，$i=6$。

9.5.2　能量均分定理

根据温度公式 $\bar{\varepsilon}_t=\frac{1}{2}m\overline{v^2}=\frac{3}{2}kT$ 和由分子运动统计性假设 $\overline{v_x^2}=\overline{v_y^2}=\overline{v_z^2}=\frac{1}{3}\overline{v^2}$，可得

$$\frac{1}{2}m\overline{v_x^2}=\frac{1}{2}m\overline{v_y^2}=\frac{1}{2}m\overline{v_z^2}=\frac{1}{2}kT \tag{9.15}$$

它表示平衡态下，平均平动动能均匀分配到三个平动自由度上，分子的每一个平动自由度所分配的平动动能均为 $\frac{1}{2}kT$。玻耳兹曼把平动动能按自由度的均分，推广到包括转动自由度等其他自由度在内的一般情况：在温度为 T 的平衡态系统(气体、液体和固体)中，分子在每个自由度上的平均动能都等于 $kT/2$。这一结论我们称之为**能量均分定理**。

按照能量均分定理，如果一个分子的自由度为 i，则其平均动能

$$\bar{\varepsilon}=\frac{i}{2}kT=(t+r)\frac{1}{2}kT \tag{9.16}$$

对单原子分子：$i=3, t=3, \bar{\varepsilon}=\frac{3}{2}kT$；刚性双原子分子：$i=5, t=3, r=2, \bar{\varepsilon}=\frac{5}{2}kT$；刚性非直线型多原子分子：$i=6, t=3, r=3, \bar{\varepsilon}=3kT$。

能量均分定理是一个统计规律，没有哪一个自由度占有优势。该统计规律是分子之间无序碰撞能量转换造成的。分子的无规则运动和频繁的碰撞(10^{10} 次/s)，可以使动能由一个分子传递给另一个分子，也可以使能量在平动、转动和振动几种形式之间相互转化。

*__振动自由度__　一般在常温下，气体分子可近似看成是刚性分子，此时，只须考虑分子的平动自由度和转动自由度，而实际分子除了平动和转动外，其内部还有振动。如果分子内原子的振动不能忽略，则可近似地看作是简谐振动。以双原子分子 N_2(氮分子)为例，如图 9.4 所示，其内部振动表现为两个原子之间距离 S 的周期性变化，它对应着振动自由度，记为 s。在振动过程中，除了平均动能外，还应存在平均势能，且二者相等。因此，每一个振动自由度的总能量应当为平均动能 $\frac{1}{2}kT$ 与平均势能 $\frac{1}{2}kT$ 之和，

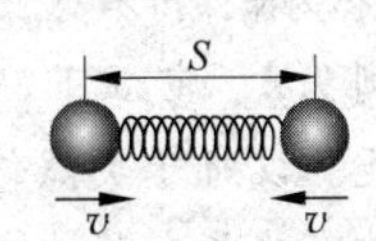

图 9.4　分子内部的振动

即 kT。

s 个振动自由度的能量为 skT，则分子的平均总能量为

$$\bar{\varepsilon} = \frac{1}{2}(t + r + 2s)kT \tag{9.17}$$

9.6 理想气体的内能

在宏观上讨论气体的能量时，我们引入气体的内能的概念。气体的**内能**是指它所包含的所有分子的动能和分子间的相互作用势能的总和。内能与机械能的区别在于，机械能是系统整体有序运动的量度；内能是微观无序运动的整体量度，是与系统内部自由度有关的能量。对于理想气体，由于分子之间无相互作用力，所以分子之间无势能，因而**理想气体的内能**就是它的所有分子的无规则运动的动能的总和。于是，1mol 的理想气体的内能为

$$E_{\text{mol}} = N_{\text{A}}\bar{\varepsilon} = N_{\text{A}}\frac{i}{2}kT = \frac{i}{2}RT \tag{9.18}$$

摩尔数为 ν 的理想气体的内能为

$$E = \nu E_{\text{mol}} = \nu\frac{i}{2}RT \tag{9.19}$$

质量为 M 的理想气体的内能为

$$E = \frac{M}{\mu}\frac{i}{2}RT \tag{9.20}$$

以上结果说明一定量的理想气体的内能只是温度的函数。这个经典统计物理的结果在与室温相差不大的温度范围内和实验近似地符合。对于真实气体，其内能不仅与温度有关，还要考虑分子间的相互作用引起的势能，所以真实气体的内能还与气体的体积相关。

例 9.2 房间容积为 V，充满空气(按理想气体、刚性分子处理)，温度为 T_0，压强为 p_0。加热室内空气，温度升为 T，设房间不密封，问房间内气体的压强、房间内气体分子数密度、气体分子方均根速率 $\sqrt{\overline{v^2}}$ 及气体内能怎样变化？

解 由于房间不密封，房间内气体压强保持不变，仍为 p_0。由 $p=nkT$ 得到，加热前，$n_0=\frac{p_0}{kT_0}$，加热后，$n=\frac{p}{kT}=\frac{p_0}{kT}$，因此，加热后气体的数密度减小了。

由温度公式 $\bar{\varepsilon}_t=\frac{1}{2}m\overline{v^2}=\frac{3}{2}kT$ 得到方均根速率为

$$\sqrt{\overline{v^2}} = \sqrt{\frac{3kT}{m}}$$

可知，加热后方均根速率增大。

加热前气体内能为 $E_0=\nu_0\frac{i}{2}RT_0=\frac{i}{2}p_0V$，加热后气体内能为 $E=\nu\frac{i}{2}RT=\frac{i}{2}p_0V$，所以加热前后房间的气体内能保持不变。

例 9.3 室温下，容积为 20.0L 的瓶子以 $v=200\text{m/s}$ 匀速运动，瓶内充有质量为 100g 的氦气。设瓶子突然停止，且气体分子全部定向运动的动能都转变为热运动的动能，瓶子与外界没有热量交换。求热平衡后氦气的温度、压强、内能及氦气分子的平均动能各增加多少。(摩尔气体常量 $R=8.31\text{J(mol/K)}$，玻耳兹曼常量 $k=1.38\times10^{-23}\text{J/K}$)

解　按能量守恒有

$$\frac{1}{2}Nmv^2 = N\frac{i}{2}k\Delta T \quad (i=3)$$

于是

$$\Delta T = \frac{mv^2}{ik} = \frac{mN_A v^2}{ikN_A} = \frac{\mu v^2}{iR} = 6.42\text{K}$$

由理想气体状态方程 $pV=\frac{M}{\mu}RT$，得

$$\Delta p = \frac{M}{V\mu}R\Delta T = 6.67\times 10^4\,\text{Pa}$$

由内能公式得

$$\Delta E = \frac{M}{\mu}\frac{i}{2}R\Delta T = 2000\text{J}$$

平均动能增量为

$$\Delta\bar{\varepsilon} = \frac{i}{2}k\Delta T = 1.33\times 10^{-22}\,\text{J}$$

9.7　速率分布函数与麦克斯韦速率分布律

气体分子的热运动是无规则的，因此，单个分子的运动完全是偶然的、随机的。若用牛顿力学来处理每个分子，对于由 10^{23} 数量级的分子组成的系统，显然这是一个庞杂的多体问题，就是现代最先进的计算机也难以处理。但是，在平衡态下，这些分子却遵循着能够从宏观上反映系统特征的统计规律。麦克斯韦（英国，J. C. Maxwell，1831—1879）为我们揭示了平衡态下，理想气体分子按速率分布的规律。

9.7.1　速率分布函数 $f(v)$

设 N 为平衡态下一定量气体的总分子数，$\mathrm{d}N$ 为速率在 v 到 $v+\mathrm{d}v$ 区间内的分子数，显然，$\frac{\mathrm{d}N}{N}$表示速率在 v 到 $v+\mathrm{d}v$ 区间内的分子数占总分子数的百分比，或者说，一个分子的速率分布在 v 到 $v+\mathrm{d}v$ 区间内的概率。$\frac{\mathrm{d}N}{N}$应该与速率间隔 $\mathrm{d}v$ 的大小成正比，还应与 v 相关，因此，$\frac{\mathrm{d}N}{N}$可表示为

$$\frac{\mathrm{d}N}{N} = f(v)\mathrm{d}v \tag{9.21}$$

式中，函数 $f(v)$称为**速率分布函数**，它可以表示为

$$f(v) = \frac{\mathrm{d}N}{N\mathrm{d}v} \tag{9.22}$$

由此可知，速率分布函数 $f(v)$的物理意义是：速率 v 附近单位速率区间内的分子数占分子总数的百分比，或者说，一个分子的速率分布在 v 附近单位速率区间的概率，因此，$f(v)$表示分子速率分布在 v 附近的**概率密度**。

分子出现在速率 0～∞的概率为 1，即

$$\int_0^{\infty} f(v)\mathrm{d}v = 1 \tag{9.23}$$

式(9.23)称为**归一化条件**。

如图 9.5(a)所示,小窄带的面积为 $f(v)\mathrm{d}v$,它表示速率在 v 到 $v+\mathrm{d}v$ 区间内的分子数占总分子数的百分比$\frac{\mathrm{d}N}{N}$;如图 9.5(b)所示,阴影的面积为$\int_{v_1}^{v_2} f(v)\mathrm{d}v$,它表示速率在 $v_1 \sim v_2$ 区间内的分子数占总分子数的百分比$\frac{\Delta N_{v_1 \sim v_2}}{N}$;图(a)、(b)曲线下围的面积皆为 1,即满足归一化条件。

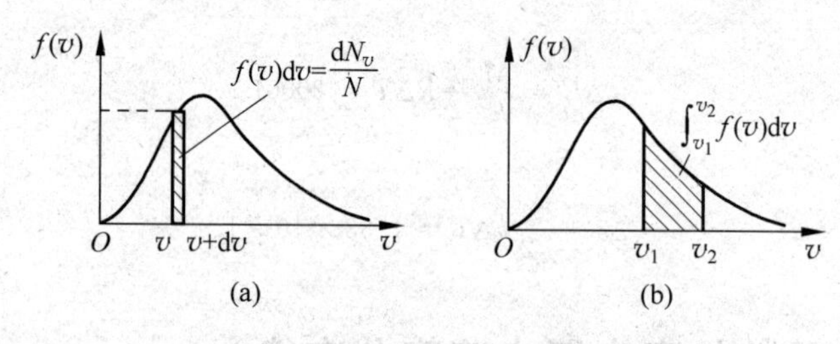

图 9.5 速率分布函数的意义

9.7.2 麦克斯韦速率分布律

1859 年,麦克斯韦首次用碰撞概率的方法导出了麦克斯韦速度分布函数(见后面选讲部分),进而得到麦克斯韦速率分布函数,即在热力学温度 T 时,处于平衡态的一定量理想气体,其分子速率分布在 v 到 $v+\mathrm{d}v$ 区间内的概率为

$$\frac{\mathrm{d}N}{N} = f(v)\mathrm{d}v = 4\pi\left(\frac{m}{2\pi kT}\right)^{\frac{3}{2}} v^2 \mathrm{e}^{-\frac{mv^2}{2kT}}\mathrm{d}v \tag{9.24}$$

式中,T 是气体的热力学温度;m 是气体的分子质量;k 是玻耳兹曼常量,其中

$$f(v) = 4\pi\left(\frac{m}{2\pi kT}\right)^{\frac{3}{2}} v^2 \mathrm{e}^{-\frac{mv^2}{2kT}} \tag{9.25}$$

称为**麦克斯韦速率分布律**。

图 9.6 给出了麦克斯韦速率分布曲线。它形象地表示出了气体分子按速率分布的情况。在平衡态时,速率很小和速率很大的分子都很少,绝大多数分子的速率都处在中间区域,在速率 v_p 处 $f(v)$的值最大,表明出现在速率 v_p 附近单位速率间隔的分子数最多,或者说,分子出现在速率 v_p 附近单位速率间隔的概率最大,为此,把 v_p 称作**最概然速率**。

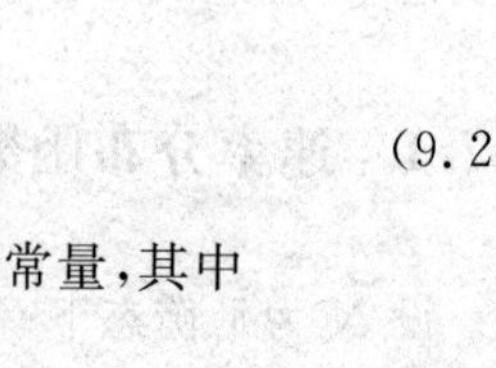

f(v)

O v_p v

图 9.6 麦克斯韦速率分布函数

对式(9.25)求极值,即$\frac{\mathrm{d}f(v)}{\mathrm{d}v}=0$,可得到麦克斯韦速率分布下的分子最概然速率

$$v_p = \sqrt{\frac{2kT}{m}} \tag{9.26}$$

上式表明 v_p 随温度的升高而增大,又随分子质量 m 增大而减小。

9.8　分子速率的统计值

热力学系统中分子数 N 都非常的大。大量分子速率的算术平均值称为统计平均值。设 $v \sim v+\mathrm{d}v$ 速率区间内有 $\mathrm{d}N$ 个分子，则

$$\mathrm{d}N = Nf(v)\mathrm{d}v \tag{9.27}$$

由于 $\mathrm{d}v$ 非常之小，我们可近似地认为 $\mathrm{d}N$ 个分子速率都相同，且为 v，那么，这 $\mathrm{d}N$ 个分子的速率总和就是 $v\mathrm{d}N = vNf(v)\mathrm{d}v$，所以，在 $0 \sim \infty$ 速率区间内所有气体分子的速率和为

$$\int_0^\infty v\mathrm{d}N = \int_0^\infty Nvf(v)\mathrm{d}v \tag{9.28}$$

则在 $0 \sim \infty$ 速率区间 v 的统计平均值为

$$\bar{v} = \frac{\int_0^\infty v\mathrm{d}N}{N} = \int_0^\infty vf(v)\mathrm{d}v \tag{9.29}$$

同理，在 $0 \sim \infty$ 速率区间 v^2 的统计平均值为

$$\overline{v^2} = \frac{\int_0^\infty v^2\mathrm{d}N}{N} = \int_0^\infty v^2 f(v)\mathrm{d}v \tag{9.30}$$

将式(9.25)代入式(9.29)，可以得到分子的平均速率

$$\bar{v} = \int_0^\infty vf(v)\mathrm{d}v = \int_0^\infty 4\pi\left(\frac{m}{2\pi kT}\right)^{\frac{3}{2}} \mathrm{e}^{-\frac{mv^2}{2kT}} v^3 \mathrm{d}v = \sqrt{\frac{8kT}{\pi m}} \tag{9.31}$$

用类似的方法还可得到 $\overline{v^2}$，即

$$\overline{v^2} = \int_0^\infty v^2 f(v)\mathrm{d}v = \int_0^\infty 4\pi\left(\frac{m}{2\pi kT}\right)^{\frac{3}{2}} \mathrm{e}^{-\frac{mv^2}{2kT}} v^4 \mathrm{d}v = \frac{3kT}{m}$$

因此，方均根速率 $\sqrt{\overline{v^2}}$ 为

$$\sqrt{\overline{v^2}} = \sqrt{\frac{3kT}{m}} \tag{9.32}$$

麦克斯韦速率分布定律只适用于平衡态下大量分子组成的系统。少量分子系统的分子速率，没有确定的分布规律，非平衡态的理想气体，也不遵守该分布定律。

在 1859 年麦克斯韦导出了分子速率分布律后，由于抽真空技术达不到实验要求，当时不能立即用实验证明它。1920 年，随着技术的提高，施特恩(O. Stern)开始用金属的蒸汽分子束来做验证实验；中国科学家葛正权也于 1934 年用铋蒸气分子实验验证了分子的速率分布；1955 年哥伦比亚大学的密勒(R. C. Miller)等人做出了这个定律的高度精确的实验证明。

如图 9.7 为验证分子的速率分布的实验装置，R 为速度选择器，其绕轴以角速度 ω 旋转，上面开有斜的狭缝。设分子速度大小为 v，由 A 到 B 所需的时间为 t，只要满足 $vt=L$ 和 $\omega t=\varphi$ 关系，如图 9.7(b)所示，该分子就能通过速度选择器的狭缝到达检测器 D 的屏上。此时，分子的速率为

$$v = \omega\frac{L}{\varphi}$$

改变 ω 可使速率不同的分子通过 R,这样通过微光度计测出检测器屏上分子的厚度,就可以得到打在屏上的不同速率的分子的数目,得出分子数按速率分布的图线,从而验证了麦克斯韦速率分布律。

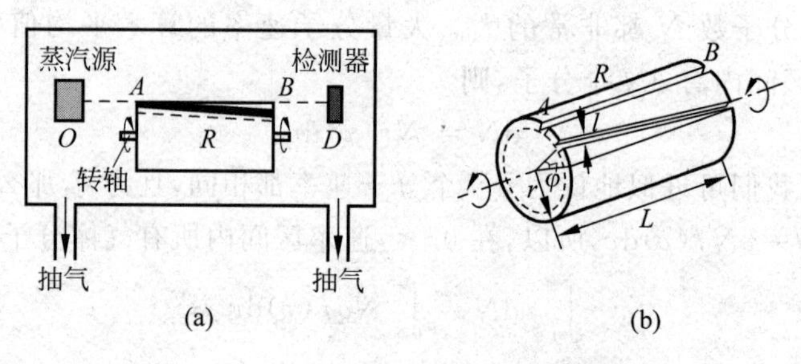

图 9.7 验证分子的速率分布的实验装置

例 9.4 已知 $f(v)$ 为麦克斯韦速率分布函数,v_p 为分子的最概然速率,请指出 $\int_0^{v_p} f(v)\mathrm{d}v$ 的物理意义以及 $v_1 \sim v_2$ 速率区间内分子的平均速率表达式。

解 由速率分布函数定义可知,

$$\int_0^{v_p} f(v)\mathrm{d}v = \int_0^{v_p} \frac{\mathrm{d}N}{N} = \frac{\int_0^{v_p} \mathrm{d}N}{N}$$

因此,此式表示速率区间 $0 \sim v_p$ 的分子数占总分子数的百分比。

在 $v_1 \sim v_2$ 范围内全部分子的速率之和为

$$\sum_{\substack{i \\ (v_1 \sim v_2)}} N_i v_i = \int_{v_1}^{v_2} vNf(v)\mathrm{d}v$$

在 $v_1 \sim v_2$ 范围内全部分子个数为

$$N_{v_1 \sim v_2} = \int_{v_1}^{v_2} Nf(v)\mathrm{d}v$$

所以,在 $v_1 \sim v_2$ 范围内的平均速率为

$$\bar{v} = \frac{\int_{v_1}^{v_2} vNf(v)\mathrm{d}v}{\int_{v_1}^{v_2} Nf(v)\mathrm{d}v} = \frac{\int_{v_1}^{v_2} vf(v)\mathrm{d}v}{\int_{v_1}^{v_2} f(v)\mathrm{d}v}$$

*9.9 速度分布函数与麦克斯韦速度分布律

9.9.1 速度分布函数

前面已经介绍了气体分子按速率 v 分布的规律,下面将再介绍一下气体分子按速度 $\vec{v}(v_x, v_y, v_z)$ 分布的规律,即气体分子速度分布律。

首先定义速度空间,即以速度的三个分量 v_x、v_y、v_z 为互相正交坐标轴的空间,如图 9.8 所示。那么,速度空间中的一个点 $P(v_x, v_y, v_z)$ 对应于分子的一个速度状态。考虑一个由 N 个分子组成的系统,用 $\mathrm{d}N(v_x, v_y, v_z)$ 代表速度处于 v_x 到

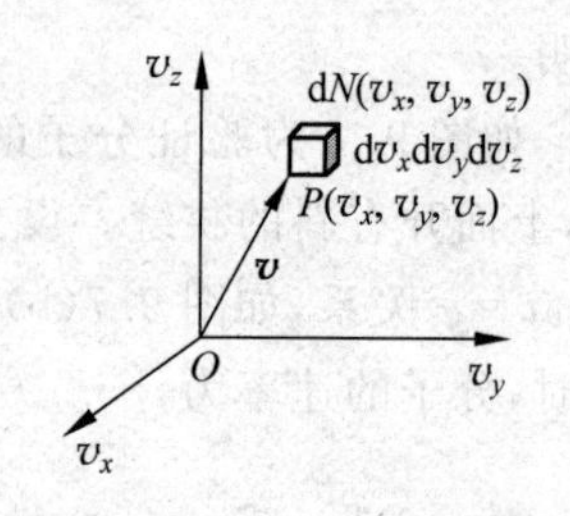

图 9.8 分子按速度的分布

$v_x+\mathrm{d}v_x$、v_y 到 $v_y+\mathrm{d}v_y$、v_z 到 $v_z+\mathrm{d}v_z$（或 $\vec{v}$ 到 $\vec{v}+\mathrm{d}\vec{v}$）区间的分子数，则 $\mathrm{d}N(v_x,v_y,v_z)/N$ 是这些分子占系统分子总数的百分比，或一个分子的速度处于上述区间的概率。仿前，定义分子的速度分布函数

$$f(v_x,v_y,v_z)=\frac{\mathrm{d}N(v_x,v_y,v_z)}{N\mathrm{d}v_x\mathrm{d}v_y\mathrm{d}v_z} \tag{9.33}$$

它表示速度出现在 $P(v_x,v_y,v_z)$ 点附近无穷小区域内，单位速度空间体积中的分子数占系统分子总数的百分比，或者说，表示一个分子的速度出现在 $P(v_x,v_y,v_z)$ 点附近无穷小区域内，单位速度空间体积中的概率。因此，$f(v_x,v_y,v_z)$ 表示分子在速度空间分布的概率密度。同样，$f(v_x,v_y,v_z)$ 也满足归一化条件，即

$$\int_{-\infty}^{\infty}\int_{-\infty}^{\infty}\int_{-\infty}^{\infty}f(v_x,v_y,v_z)\mathrm{d}v_x\mathrm{d}v_y\mathrm{d}v_z=1 \tag{9.34}$$

它表示分子速度 v_x、v_y、v_z 出现在 $\pm\infty$ 之间的概率等于 1，或者说，分子速度 v_x、v_y、v_z 一定出现在 $\pm\infty$ 之间。

下面我们试用麦克斯韦的方法推导平衡态下分子速度分布律。

9.9.2 麦克斯韦速度分布律

1859 年 28 岁的麦克斯韦发表了《气体动力理论的说明》，阐述了他推导速度分布函数和速率分布函数的思想。

设容器内部处于平衡态的气体数量为 N，其中 x 方向的分子速度分量在 v_x 到 $v_x+\mathrm{d}v_x$ 区间的分子数占系统分子总数的百分比为 $\mathrm{d}N(v_x)/N$。麦克斯韦假定：在平衡态下，有

$$\frac{\mathrm{d}N(v_x)}{N}=g(v_x)\mathrm{d}v_x \tag{9.35a}$$

其中，$g(v_x)$ 是分子按速度分量 v_x 的分布函数，它表示分子按 v_x 分布的概率密度。

因为分子运动速度沿各方向的概率都是相等的，因而，y、z 方向同样有

$$\frac{\mathrm{d}N(v_y)}{N}=g(v_y)\mathrm{d}v_y \tag{9.35b}$$

$$\frac{\mathrm{d}N(v_z)}{N}=g(v_z)\mathrm{d}v_z \tag{9.35c}$$

麦克斯韦还假定：在平衡态下，分子按三个坐标方向的速度分量的分布是相互独立的，因此

$$f(v_x,v_y,v_z)=g(v_x)g(v_y)g(v_z) \tag{9.36}$$

且

$$\begin{aligned}\frac{\mathrm{d}N(v_x,v_y,v_z)}{N}&=f(v_x,v_y,v_z)\mathrm{d}v_x\mathrm{d}v_y\mathrm{d}v_z\\&=g(v_x)g(v_y)g(v_z)\mathrm{d}v_x\mathrm{d}v_y\mathrm{d}v_z\end{aligned} \tag{9.37}$$

由于平衡态气体分子向各个方向运动的概率相等，且速度分布各向同性，则

$$f(v_x,v_y,v_z)=f(v^2)=f(v_x^2+v_y^2+v_z^2) \tag{9.38}$$

又

$$f(v_x,v_y,v_z)=g(v_x)g(v_y)g(v_z)$$

由数学知识可知，$g(v_x)$、$g(v_y)$、$g(v_z)$只能取

$$g(v_x) = C\mathrm{e}^{-av_x^2} \tag{9.39a}$$

$$g(v_y) = C\mathrm{e}^{-av_y^2} \tag{9.39b}$$

$$g(v_z) = C\mathrm{e}^{-av_z^2} \tag{9.39c}$$

因为速度 v_x、v_y、v_z 趋向于$\pm\infty$时，概率趋近于 0，所以，$a>0$。

下面以 $g(v_x)$为例，确定 C。由归一化条件$\int_{-\infty}^{\infty} g(v_x)\mathrm{d}v_x = 1$，可得

$$\int_{-\infty}^{\infty} g(v_x)\mathrm{d}v_x = C\int_{-\infty}^{\infty} \mathrm{e}^{-av_x^2}\mathrm{d}v_x = 2C\int_{0}^{\infty} \mathrm{e}^{-av_x^2}\mathrm{d}v_x = 1$$

由积分表可查得$\int_{0}^{\infty} \mathrm{e}^{-av_x^2}\mathrm{d}v_x = \frac{1}{2}\sqrt{\frac{\pi}{a}}$，于是，可得

$$C = \sqrt{\frac{a}{\pi}} \tag{9.40}$$

下面通过计算分子沿 x 方向的平均平动动能 $\bar{\varepsilon}_{tx}$ 来求 a，即

$$\bar{\varepsilon}_{tx} = \int_{-\infty}^{\infty} \varepsilon_{tx} g(v_x)\mathrm{d}v_x = \frac{1}{2}m\int_{-\infty}^{\infty} v_x^2 g(v_x)\mathrm{d}v_x = m\sqrt{\frac{a}{\pi}}\int_{0}^{\infty} v_x^2 \mathrm{e}^{-av_x^2}\mathrm{d}v_x$$

由积分表可查得$\int_{0}^{\infty} v_x^2\mathrm{e}^{-av_x^2}\mathrm{d}v_x = \frac{1}{4a}\sqrt{\frac{\pi}{a}}$，可得

$$\bar{\varepsilon}_{tx} = \frac{m}{4a} = \frac{kT}{2}$$

于是

$$a = \frac{m}{2kT} \tag{9.41}$$

$$C = \sqrt{\frac{m}{2\pi kT}} \tag{9.42}$$

所以，三个速度分量 v_x、v_y、v_z 的麦克斯韦分布函数为

$$\begin{cases} g(v_x) = \left(\dfrac{m}{2\pi kT}\right)^{1/2} \mathrm{e}^{-\frac{mv_x^2}{2kT}} \\ g(v_y) = \left(\dfrac{m}{2\pi kT}\right)^{1/2} \mathrm{e}^{-\frac{mv_y^2}{2kT}} \\ g(v_z) = \left(\dfrac{m}{2\pi kT}\right)^{1/2} \mathrm{e}^{-\frac{mv_z^2}{2kT}} \end{cases} \tag{9.43}$$

最后，我们得到麦克斯韦速度分布函数，即为

$$f(v_x,v_y,v_z) = \left(\frac{m}{2\pi kT}\right)^{3/2} \mathrm{e}^{-\frac{mv^2}{2kT}} \tag{9.44}$$

$\varepsilon_t = \frac{1}{2}mv^2$ 为气体分子的平动动能，因此，在温度为 T 的平衡态系统中，位置处于$P(v_x, v_y, v_z)$点附近，v_x 到 $v_x + \mathrm{d}v_x$、v_y 到 $v_y + \mathrm{d}v_y$、v_z 到 $v_z + \mathrm{d}v_z$（或$\vec{v}$到$\vec{v} + \mathrm{d}\vec{v}$）区间的分子数 $\mathrm{d}N(v_x,v_y,v_z)$，可以看成与因子 $\mathrm{e}^{-\varepsilon_t/kT}$ 及体积元 $\mathrm{d}v_x\mathrm{d}v_y\mathrm{d}v_z$ 成正比，即

$$\mathrm{d}N(v_x,v_y,v_z) \propto \mathrm{e}^{-\varepsilon_t/kT}\mathrm{d}v_x\mathrm{d}v_y\mathrm{d}v_z$$

这说明，在平衡态下动能越高的状态分子出现的可能性就越小，分子总是优先占据动能较低

的状态。

9.9.3　由麦克斯韦速度分布律推导速率分布律

由前面知识可知，$f(v)=\dfrac{\mathrm{d}N(v)}{N\mathrm{d}v}$表示速率出现在 v 到 $v+\mathrm{d}v$ 区间(即 v 附近无穷小区域)内，单位速率间隔中的分子数占系统分子总数的百分比。在速度空间，所谓"v 到 $v+\mathrm{d}v$ 区间"就是以 v 为半径、厚度为 $\mathrm{d}v$ 的一个空间薄球壳，如图 9.9 所示。而 $f(v_x,v_y,v_z)$是分子在速度空间中分布的概率密度，所以分子速率处于球壳内的概率为

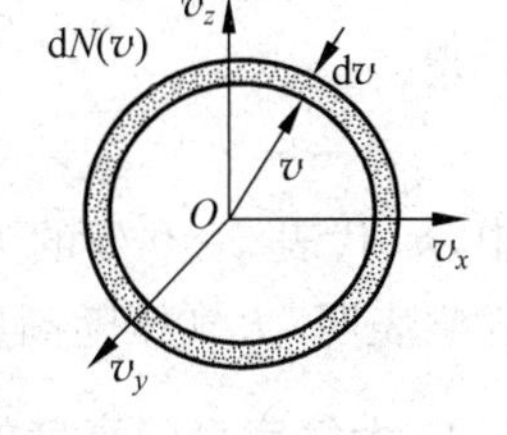

图 9.9　分子按速率的分布

$$\frac{\mathrm{d}N(v)}{N}=f(v_x,v_y,v_z)4\pi v^2\mathrm{d}v \tag{9.45}$$

因此

$$f(v)=\frac{\mathrm{d}N(v)}{N\mathrm{d}v}=f(v_x,v_y,v_z)4\pi v^2 \tag{9.46}$$

于是，这就得到了平衡态下系统中分子的速率分布函数，即为

$$f(v)=4\pi\left(\frac{m}{2\pi kT}\right)^{\frac{3}{2}}v^2\mathrm{e}^{-\frac{mv^2}{2kT}}$$

*9.10　分子按空间位置的分布与玻耳兹曼分布律

9.10.1　分子按空间位置的分布

由于分子的无规则热运动和频繁碰撞，虽然系统中每个分子在任一时刻处于什么位置、其运动速度的大小和方向如何都是随机的、偶然的，但实验表明，当系统处于平衡态时，具有各种不同位置和速度的分子数占系统分子总数的百分比将不随时间变化，即服从一定的统计分布规律。1859 年，麦克斯韦导出气体分子按速度的分布，即麦克斯韦速度分布律。在此基础上，玻耳兹曼得到分子的状态按能量的分布，即玻耳兹曼分布律。玻耳兹曼分布律是气体动理论的基础。

我们先推导分子按重力势能的分布规律，再把它推广到按动能的分布，即麦克斯韦速度分布律，然后综合这两种分布给出玻耳兹曼分布律。

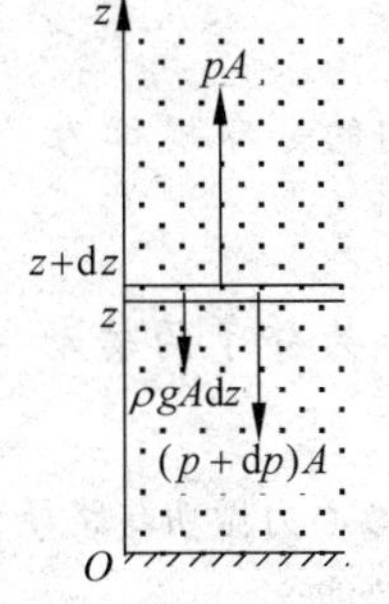

图 9.10　等温气压公式的推导

1. 大气压随高度的变化

在重力场的作用下，大气内部的压强、密度和温度都与高度有关。但在地面附近不太高的范围内，大气的温度随高度变化不大，可以看成是等温的。

如图 9.10 所示，在高度 z 处取面积为 A、厚度为 $\mathrm{d}z$ 的水平空气薄层，p 和 ρ 分别代表大气的压强和密度。根据力学的平衡条件，$\rho gA\mathrm{d}z+(p+\mathrm{d}p)A=pA$，整理为

$$\mathrm{d}p=-\rho g\,\mathrm{d}z \tag{9.47}$$

如果把大气看成温度为 T 的平衡态理想气体，则由 $p=nkT$ 可得大气的密度

$$\rho = nm = \frac{pm}{kT} \tag{9.48}$$

式中，m 为大气分子的平均质量。

把式(9.48)代入式(9.47)，得

$$\frac{\mathrm{d}p}{p} = -\frac{mg}{kT}\mathrm{d}z \tag{9.49}$$

积分得

$$p = p_0 \mathrm{e}^{-\frac{mgz}{kT}} \tag{9.50}$$

其中，p_0 代表 $z=0$ 处的大气压。式(9.48)是在等温条件下得到的，因此称为等温气压公式。它表明，大气压随高度按指数规律减小。

2. 大气密度随高度的变化

把 $p=nkT$ 代入式(9.50)，得大气分子的数密度

$$n = n_0 \mathrm{e}^{-\frac{mgz}{kT}} = n_0 \mathrm{e}^{-\frac{\varepsilon_p}{kT}} \tag{9.51}$$

其中，$n_0=p_0/(kT)$代表 $z=0$ 处的分子数密度；$\varepsilon_p=mgz$ 代表分子的重力势能。式(9.49)表明，在重力场中分子数密度随高度，或随分子的重力势能按指数规律减小。

1908 年，法国物理学家皮兰(J. B. Perrin)用显微镜观测液体中悬浮于不同高度的颗粒数，验证了式(9.48)。

3. 分子按空间位置的分布规律

虽然式(9.51)是在重力场这种特殊情况下得到的，但它适用于任意保守力场，因此，只要把式中 ε_p 推广到分子在任意外场中的势能 $\varepsilon_p(x,y,z)$即可。因此，如图 9.11 所示，分子按空间位置的分布规律可表述为：在温度为 T 的平衡态系统中，位置处于 $P(x,y,z)$点附近，x 到 $x+\mathrm{d}x$、y 到 $y+\mathrm{d}y$、z 到 $z+\mathrm{d}z$(或$\vec{r}$到$\vec{r}+\mathrm{d}\vec{r}$)区间的分子数 $\mathrm{d}N(x,y,z)$，与因子 $\mathrm{e}^{-\varepsilon_p/kT}$ 及体积元 $\mathrm{d}x\mathrm{d}y\mathrm{d}z$ 成正比，即

$$\mathrm{d}N(x,y,z) \propto \mathrm{e}^{-\varepsilon_p/kT}\mathrm{d}x\mathrm{d}y\mathrm{d}z$$

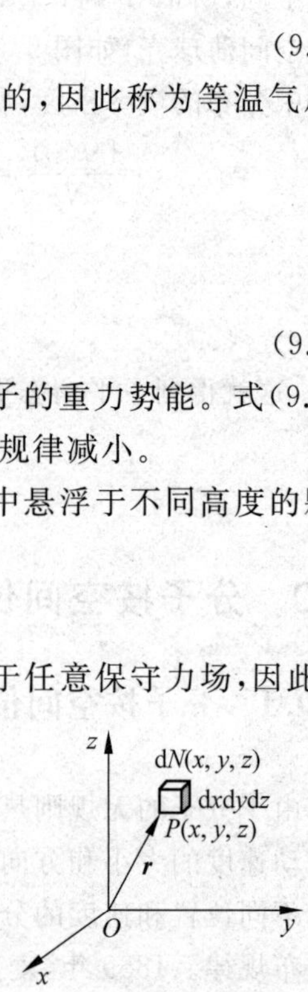

这说明，在平衡态下势能越高的位置分子出现的可能性就越小，分子总是优先占据势能较低的位置。

图 9.11　分子按空间位置的分布

应该指出上式只表示分子按空间位置的分布，而在 $\mathrm{d}N(x,y,z)$各分子中每个分子的速度分量 v_x,v_y,v_z 都可以取$\pm\infty$间的任一值。

例 9.5　证明在一个达到平衡态的转动系统中，分子数密度沿径向的分布规律为

$$n(r) = n_0 \mathrm{e}^{\frac{m\omega^2 r^2}{2kT}}$$

其中，n_0 为 $r=0$ 处的数密度；m 为分子的质量；ω 为转动的角速度；r 为分子的转动半径；T 为系统的温度。

解　分子受惯性离心力的作用，其大小等于 $m\omega^2 r$，方向沿半径向外。惯性离心力做功与路径无关，因此它是一种保守力，可引入相应的势能。取 $r=0$ 处为势能零点，则分子的离心势能

$$\varepsilon_p(r) = \int_r^0 m\omega^2 r\mathrm{d}r = -\frac{1}{2}m\omega^2 r^2$$

代入式(9.50)，就得到分子数密度沿径向的分布规律

$$n(r) = n_0 e^{\frac{m\omega^2 r^2}{2kT}}$$

例 9.7 的结果表明，在转动系统中半径相同的区域，较重颗粒的数密度比较轻颗粒的要大，这就是广泛用于科研和工业生产中的离心分离技术的原理。天然铀的主要成分是^{238}U，可以裂变的^{235}U 仅占 0.7%。在核工业中，通常用离心分离技术增加^{235}U 的浓度。此外，离心分离技术还广泛用于稀土元素的萃取。

9.10.2 玻耳兹曼分布律

如前所述，平衡态系统中分子按速度和按位置的分布可以分别看成按动能和势能的分布，即

$$dN(v_x, v_y, v_z) \propto e^{-\varepsilon_k/kT} dv_x dv_y dv_z, \quad dN(x, y, z) \propto e^{-\varepsilon_p/kT} dx dy dz \tag{9.52}$$

其中，ε_p 和 ε_k 分别为分子的势能和动能。可以看出，除了系统的温度之外，分子状态的分布决定于分子的能量。

分子的位置和速度相互独立。按概率乘法法则，分子同时按位置和速度的分布可以表示为

$$dN(x, y, z, v_x, v_y, v_z) \propto e^{-\frac{\varepsilon_p+\varepsilon_k}{kT}} dx dy dz dv_x dv_y dv_z \tag{9.53}$$

其中，$dN(x, y, z, v_x, v_y, v_z)$代表位置处于$\vec{r}$到$\vec{r}+d\vec{r}$区间、速度处于$\vec{v}$到$\vec{v}+d\vec{v}$区间的分子数。

我们将由位置和速度构成的空间，称为相空间。分子在任一时刻的运动状态，均可用相空间中的一个点(x, y, z, v_x, v_y, v_z)来代表。相空间的体积元为 $d\tau = dx dy dz dv_x dv_y dv_z$。因此

$$f(x, y, z, v_x, v_y, v_z) = \frac{dN(x, y, z, v_x, v_y, v_z)}{N dx dy dz dv_x dv_y dv_z} = C e^{-\frac{\varepsilon_p+\varepsilon_k}{kT}} = C e^{-\frac{\varepsilon}{kT}} \tag{9.54}$$

式中，$f(x, y, z, v_x, v_y, v_z)$表示状态处于$(x, y, z, v_x, v_y, v_z)$附近无穷小区域内，单位相空间体积中的分子数，占系统分子总数的百分比。或者说，表示一个分子的状态出现在(x, y, z, v_x, v_y, v_z)附近无穷小区域内，单位相空间体积中的概率，即分子的状态在相空间分布的概率密度。$\varepsilon = \varepsilon_p + \varepsilon_k$ 为分子的能量，待定常数 C 由归一化条件式确定，即

$$1 = \int_\infty f(x, y, z, v_x, v_y, v_z) d\tau = C \int_\infty e^{-\frac{\varepsilon}{kT}} d\tau \tag{9.55}$$

求出 $C = \dfrac{1}{\int_\infty e^{-\frac{\varepsilon}{kT}} d\tau}$，代入式(9.55)，并把 $f(x, y, z, v_x, v_y, v_z)$记为 $f_B(x, y, z, v_x, v_y, v_z)$，就得到平衡态系统中分子的相空间分布函数

$$f_B(x, y, z, v_x, v_y, v_z) = \frac{e^{-\frac{\varepsilon}{kT}}}{\int_\infty e^{-\frac{\varepsilon}{kT}} d\tau} \tag{9.56}$$

上式就是著名的玻耳兹曼分布律。式中，ε 为一个分子的能量；k 为玻耳兹曼常量，T 为平衡态系统的温度；$e^{-\varepsilon/kT}$ 叫玻耳兹曼因子。玻耳兹曼分布律给出了平衡态系统中，一个分子的状态在相空间分布的概率密度。

*9.11 气体分子的平均碰撞频率和平均自由程

气体在平衡态下具有稳定的宏观性质和确定的速度分布规律,都是和气体分子的不断碰撞分不开的,气体分子的能量均分也是靠碰撞来实现的。气体由非平衡态能够向平衡态过渡,分子间的碰撞同样起着关键的作用。在考虑分子之间的相互碰撞时,我们可以把分子简化为相同的刚性的小球,并且认为分子之间的碰撞是弹性的,把两个分子中心间距离的平均值定义为分子作为刚性球的有效直径 d。

气体分子平均速率每秒几百米,这样气体中的一切过程应在瞬间完成,但由于分子在运动过程中不断与其他分子发生碰撞,分子的运动轨迹一般为迂回的折线。我们把分子连续两次碰撞所经过的路程的平均值定义为分子的**平均自由程**。单位时间内任一分子与其他分子碰撞的平均次数定义为分子**平均碰撞频率**。

如图 9.12 所示,对于一个处于平衡态温度为 T 的气体系统,我们跟踪其中任一个分子 A,观察它与其他分子相碰撞的情形。由于碰撞主要决定于分子之间的相对运动,我们把其他分子看成静止,A 相对其他分子运动的速率为$\bar{u}$,图中的虚线表示了 A 分子中心运动的轨迹。在 A 的运动过程中,只有中心与 A 分子中心的距离小于或等于 d 的那些分子才能与 A 相碰撞。由于 A 扫过的以其中心轨迹为轴线、横截面积为 πd^2 的圆柱体内的分子都会与 A 碰撞,我们把 πd^2 称作分子的**碰撞截面**。

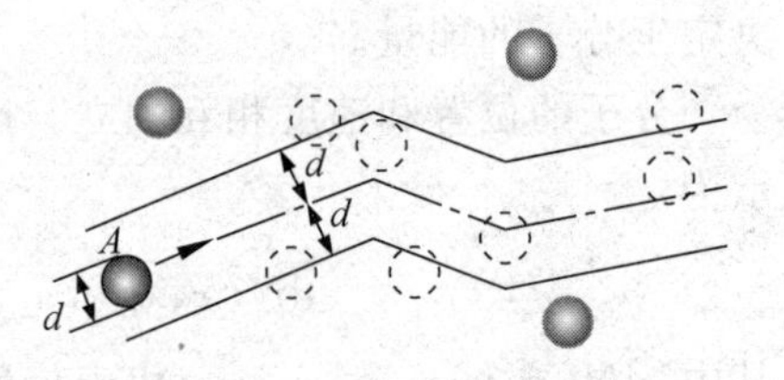

图 9.12 平均碰撞频率的计算

在时间 Δt 内 A 分子走过的路程为$\bar{u}\Delta t$,其对应圆柱的体积为 $\pi d^2\bar{u}\Delta t$。设 n 为分子的数密度,则此圆柱内的 A 分子与其他分子碰撞的次数为 $n\pi d^2\bar{u}\Delta t$,因而单位时间内 A 分子与其他分子碰撞的次数,即**平均碰撞频率**为

$$\bar{z} = n\pi d^2\bar{u} \tag{9.57}$$

式(9.57)是假设一个分子运动而其余分子静止得到的。实际上其他分子也在运动,用麦克斯韦速度分布律可以证明,平均相对速度$\bar{u}$与平均速率$\bar{v}$的关系为$\bar{u}=\sqrt{2}\,\bar{v}$,进行修正后的平均碰撞频率为

$$\bar{z} = \sqrt{2}\,n\pi d^2\bar{v} \tag{9.58}$$

可见$\bar{z}$与分子种类及状态有关。

由于时间 Δt 内分子平均走过距离为$\bar{v}\Delta t$,此时间内平均经过$\bar{z}\Delta t$ 次碰撞,于是平均自由程

$$\bar{\lambda} = \frac{\bar{v}\Delta t}{\bar{z}\Delta t} = \frac{1}{\sqrt{2}\,\pi d^2 n} \tag{9.59}$$

把理想气体的状态方程 $p=nkT$ 代入上式,得到平均自由程的另一公式,即

$$\bar{\lambda} = \frac{kT}{\sqrt{2}\,\pi d^2 p} \tag{9.60}$$

可见,平均自由程与分子的状态有关。

例 9.6 一定质量的理想气体,先经过等容过程使其热力学温度升高一倍,再经过等温

过程使其体积膨胀为原来的两倍，则分子的平均自由程变为原来的多少倍？

解　在等容过程中，热力学温度升高一倍，即

$$\frac{p_2}{p_1}=\frac{T_2}{T_1}=2$$

经等温过程后，其体积膨胀为原来的两倍，得

$$\frac{p_3}{p_2}=\frac{V_2}{V_3}=\frac{1}{2}$$

则

$$p_3=\frac{1}{2}p_2=p_1$$

由 $\bar{\lambda}=\dfrac{kT}{\sqrt{2}\pi d^2 p}$，可知

$$\frac{\bar{\lambda}_3}{\bar{\lambda}_1}=\frac{T_2 p_1}{T_1 p_3}=\frac{T_2}{T_1}=2$$

故分子的平均自由程变为原来的 2 倍。

*9.12　实际气体的范德瓦耳斯方程

理想气体模型主要在两个方面对实际气体分子进行了简化：一是忽略了气体分子的体积，二是忽略了分子的相互作用力。下面我们就从分子的体积和分子的作用力这两个方面对理想气体物态方程进行修正，从而得出比较接近实际气体的范德瓦耳斯(荷兰，J. D. Van der Waals，1837—1923)方程。

9.12.1　分子体积引起的修正

根据状态方程，1mol 理想气体的压强为

$$p=\frac{RT}{v}$$

其中，v 为容器的容积。对于理想气体，分子被视为质点，没有体积大小，所以，v 就是每个分子可以自由活动的空间体积。

如果把实际气体分子看作有一定体积的刚性小球，则这时 1mol 气体所占据的容积 v 不再等于每个分子可以自由活动的空间，而是应该减去一个反应分子本身体积的修正量 b，即每个分子自由活动的空间为 $v-b$。因此，理想气体的状态方程应修正为

$$p=\frac{RT}{v-b} \tag{9.61}$$

试想 1mol 的气体中除了某一个分子 α 外，其他的分子都是静止的。分子 α 的有效直径为 d，它不断地与其他的分子相碰撞。当它与任一分子 β 的中心距离为 d 时，它们就会发生碰撞，如图 9.13 所示。此时可将 β 分子看成是半径为 d 的小球，当 α 分子的中心处于半径为 d 的球形区域时，或者说，α 分子的体积至少一半在球形区域时，两个分子才会发生碰撞。这样，就可以确定修正量 b 的大

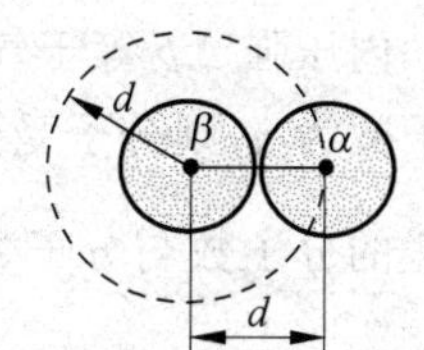

图 9.13　气体分子碰撞

小为

$$b=(N_A-1)\times\frac{1}{2}\times\frac{4}{3}\pi d^3\approx N_A\times\frac{16}{3}\left(\frac{d}{2}\right)^3\pi$$

因为每个分子的体积为$\frac{4\pi}{3}\left(\frac{d}{2}\right)^3$,所以 b 的量值约为 1mol 气体分子体积的 4 倍。对于给定的气体,b 是一个恒量,可由实验来测定。若分子有效直径 d 的数量级为 10^{-10}m,由上可知,1mol 气体的 $b\approx10^{-6}\text{m}^3$。在标准状态下,1mol 理想气体的体积为 $v=22.4\times10^{-3}\text{m}^3$,$b$ 仅为 v 的万分之四,因此可以忽略。但如果压力增大到 1000atm 时,设此时状态方程仍能适用,则气体体积将压缩至 $22.4\times10^{-6}\text{m}^3$,显然,修正量 b 就十分必要了。

9.12.2 分子引力引起的修正

实际气体的分子之间存在着引力相互作用。引力的大小随着分子间距的增大而迅速减小,引力具有一定的有效作用距离 r,当两个分子中心的间距小于或等于 r 时,引力才产生作用;超出 r 时,引力可以忽略不计。对任意一个分子而言,与它发生引力作用的分子,都处于以该分子中心为球心、以 r 为半径的球体内。显然,容器内部的分子(如图 9.14 中的 α 分子)所受其他分子的引力作用是球对称的,它们对 α 分子的引力作用相互抵消为零;而处于靠近器壁、厚度为 r 的边界层内的气体分子(如图 9.14 中的 β 分子),情形就大不相同,其所受其他分子的引力不再是球对称的,引力的合力也不再为零,可以看出,β 分子将受到垂直于器壁并指向气体内部的拉力 F 作用。

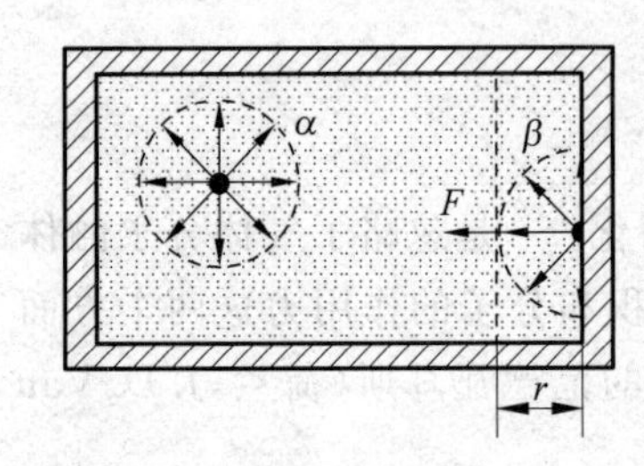

图 9.14 气体分子的受力

气体对器壁的压强是由分子对器壁的碰撞引起的。分子要与器壁碰撞,就必须通过边界区域。在进入边界区域以前,分子的运动情形与理想气体模型中的运动没有区别。但是到达边界区域内,它就会受到垂直指向气体内部的拉力的作用,使得垂直于器壁方向上的动量减小,此时,分子与器壁碰撞时作用于器壁的冲量也相应减小,从而减小了分子对器壁的冲力。根据牛顿第三定律可知,器壁实际受到的冲力要比理想气体的情形小些。也就是说,由于分子引力的存在而产生了一个**内压强** Δp。器壁实际受到的压强应为

$$p=\frac{RT}{v-b}-\Delta p \tag{9.62}$$

即

$$(p+\Delta p)(v-b)=RT \tag{9.63}$$

内压强 Δp 等于气体表面单位时间、单位面积上所受到的内向拉力。若单位体积内的分子数为 n,则分子受到的内向拉力与分子数密度 n 成正比;同时,单位时间内与单位面积相碰的分子数与分子数密度 n 也成正比。因此,气体的内压强 $\Delta p\propto n^2\propto\frac{1}{v^2}$,可写作

$$\Delta p=\frac{a}{v^2} \tag{9.64}$$

式中,a 是一个比例系数,由气体的性质决定。

9.12.3　范德瓦尔斯方程

将式(9.64)代入式(9.63)，可得适用于1mol气体的**范德瓦耳斯方程**

$$\left(p+\frac{a}{v^2}\right)(v-b)=RT \tag{9.65}$$

式中a和b称为范德瓦尔斯常量，a和b都可由实验来测定。对于不同种类的气体，范德瓦耳斯常量是不同的。表9.1列出了不同种类气体的范德瓦耳斯常量。随着压强的增大，理想气体方程不再适用，范德瓦尔斯方程得到的结果却很好地满足。表明在很大的范围内，范德瓦尔斯方程可以很好地反映实际气体的状态规律。范德瓦耳斯方程只是一个近似的状态方程，实际的气体分子运动要复杂得多。

表9.1　一些气体的范德瓦耳斯常量

气　体	$a/(10^{-6}\,\text{atm}\cdot\text{m}^6/\text{mol}^2)$	$b/(10^{-6}\,\text{m}^3/\text{mol})$
氢(H_2)	0.244	27
氦(He)	0.034	24
氮(N_2)	1.39	39
氧(O_2)	1.36	32
氩(Ar)	1.34	32
水蒸气(H_2O)	5.46	30
二氧化碳(CO_2)	3.59	43
正戊烷(C_5H_{12})	19.0	146
正辛烷(C_8H_{18})	37.3	237

第10章

热力学基础

热力学是建立在大量的实验和观察基础上的关于热现象的宏观理论。在热力学中，把系统状态随时间变化的过程称为热力学过程。

热力学基本理论是对热力学过程的描述。主要由三个定律组成：热力学第一定律，阐明热力学过程中能量变化的关系，是能量守恒在热力学系统中的体现；热力学第二定律，说明热力学宏观自发过程进行的方向性；热力学第三定律，表明通过任何有限过程物体的温度绝对不能降到绝对零度(第9章已讨论)。

本章第一部分将讨论热力学第一定律以及其在等值过程和循环过程的应用；第二部分将讲述热力学第二定律。

10.1 热力学第一定律

10.1.1 准静态过程

系统经历的热力学过程从性质上分为准静态过程和非准静态过程。准静态过程是指系统所经历的每一个状态都无限接近平衡态的热力学过程，所以，准静态过程又可以看作由无穷多的平衡态所组成的过程，因此，又可称为平衡过程。反之，如果过程中出现非平衡态，称为非准静态过程。

状态的任何变化都要打破平衡，因此准静态过程是一个理想化过程。在实际中，当过程进行得足够缓慢，使每一个中间态都能无限接近平衡态，该过程就可以当作准静态过程了。值得一提的是，这里的所谓“无限接近”是相对的。系统从一个平衡态过渡到另一个平衡态所需要的时间称为“弛豫时间”。所谓一个实际发生的平衡过程可以这样理解，该过程中实验可以察觉的任意微小变化时间远远大于“弛豫时间”，这样在任意时刻观察系统就都处于平衡态了。

如图10.1所示，缓慢地压缩活塞，一次压缩的时间是1s，而气缸内原来处于平衡态经压缩后再到另一平衡态的弛豫时间是10^{-3}s，此时气体的压缩过程就可以看作准静态过程。从图10.2中可以看到，p-V图上的每一个点表示一个平衡态，连线表示一个准静态过程。

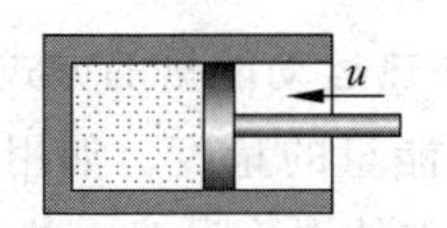

图 10.1　缓慢压缩气缸内的气体

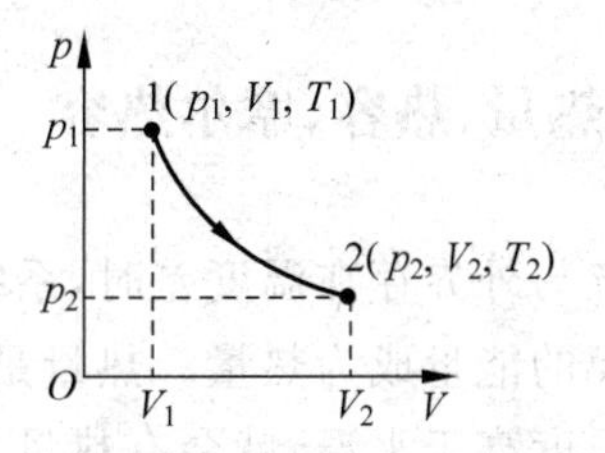

图 10.2　准静态过程

10.1.2　功

外界对热力学系统做功可以使系统的能量发生变化。如图 10.3 的焦耳实验，重物下落，带动叶轮转动，叶片搅动绝热容器中的水，使水与水发生摩擦，产生的热量使水温升高，即水的内能增加，水的状态发生改变。同样，系统对外界做功，也会使自身的状态发生改变。

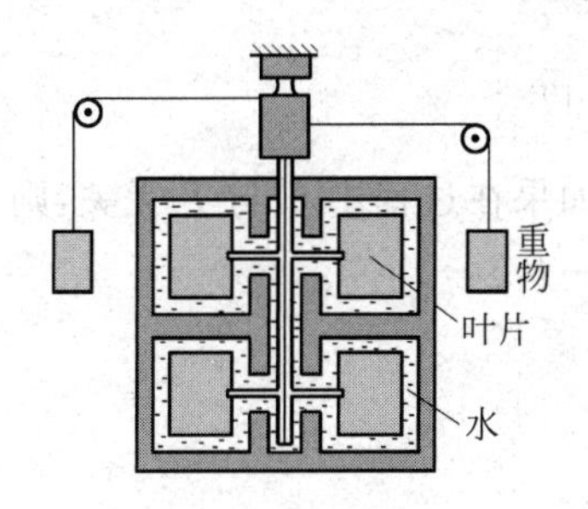

图 10.3　焦耳实验

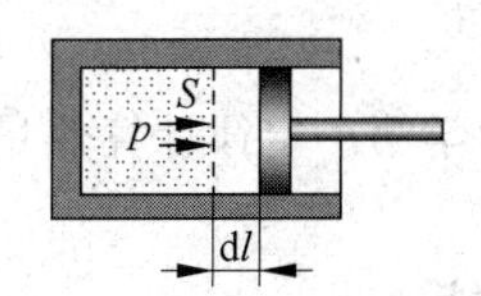

图 10.4　气体推动活塞对外做功

设气缸内气体压强为 p，活塞的面积为 S，如图 10.4 所示。当活塞移动一微小位移 $\mathrm{d}l$ 时，气体所做的元功为

$$\mathrm{d}A = F\mathrm{d}l = pS\,\mathrm{d}l = p\mathrm{d}V \tag{10.1}$$

式中，$\mathrm{d}V$ 表示气体体积的微小变量。当气体膨胀时，$\mathrm{d}V>0$，$\mathrm{d}A>0$，表示系统对外界做正功；当气体被压缩时，$\mathrm{d}V<0$，$\mathrm{d}A<0$，表示系统对外界做负功或说外界对系统做正功。在 p-V 图中，元功 $p\mathrm{d}V$ 是 p-V 曲线下面的面积元，如图 10.5 中阴影部分。

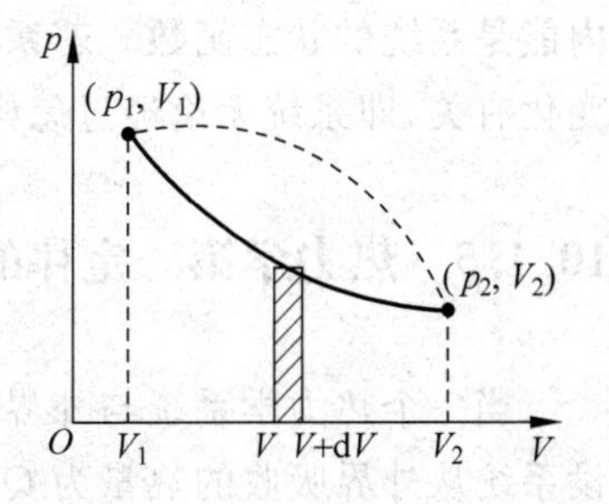

图 10.5　气体所做功的表示

当气体从状态 1 变化到状态 2 时，体积 V_1 从增大到 V_2，系统对外做的功为

$$A = \int_{V_1}^{V_2} p\mathrm{d}V \tag{10.2}$$

如图 10.5 所示，p-V 曲线下面的面积就是系统做的功。如果知道了某过程的 $p=p(V)$ 关系，就可由上式求出系统所做的功了。

由图 10.5 可见，系统由状态 1 变化到状态 2 之间的过程不同，p-V 曲线下面所围的面积不同，则系统所做的功也不相同，所以功是个过程量。

10.1.3 热量、热容、摩尔热容

当系统与外界存在温度差时,系统与外界间传递无序热运动能量的方式叫热传导,而以热传导交换的能量成为热量。热量是在热传导下所交换能量的量度。如用电炉给水加热,由于电炉温度高于水温,就会有热量从电炉传递给水,使水的温度升高。热量用 Q 表示,若系统吸热,则 $Q>0$;若系统放热,则 $Q<0$。

在某一过程中,系统温度变化 1K,且没有化学反应和相变的情况下,所吸收或放出的热量称为热容 C,即

$$C=\frac{\mathrm{d}Q}{\mathrm{d}T} \tag{10.3}$$

系统的 1mol 物质相应的热容称为摩尔热容。在相同温度变换下,系统吸收的热量与过程有关,因此,不同的过程就有不同的热容,它也是过程量。

由式(10.3)可以求出系统从外界吸收的热量

$$Q=\int_{T_1}^{T_2} C\mathrm{d}T \tag{10.4}$$

因热容 C 与过程有关,所以热量是一个过程量。如果在过程中 C 与 T 无关,则有

$$Q=C(T_2-T_1) \tag{10.5}$$

但有时用热力学第一定律计算热量更为方便,见后。

10.1.4 内能

由第 9 章可知,理想气体其内能为 $E=\frac{M}{\mu}\frac{i}{2}RT$,则内能的变化为

$$\Delta E=\frac{M}{\mu}\frac{i}{2}R\Delta T \tag{10.6}$$

内能是系统的状态函数。若系统与外界没有物质交换,则系统的内能变化只与始末态温度变化有关,即系统无论经过怎样的过程,只要是始末状态一样,内能的变化就相等。

10.1.5 热力学第一定律的表述

当一个热力学系统与外界没有物质交换时,其状态的变化只与做功和热量传递有关。设系统从外界吸收的热量为 Q,对外界所做的功为 A,实验表明,系统从外界吸收的热量 Q 等于系统内能 ΔE 的增量与对外做功 A 之和,即

$$Q=\Delta E+A \tag{10.7}$$

这就是热力学第一定律,它是能量守恒定律在热力学系统中的体现。

对于准静态过程,将式(10.2)代入可得

$$Q=\Delta E+\int_{V_1}^{V_2} p\mathrm{d}V \tag{10.8}$$

对于无限小的状态变化过程,热力学第一定律还可表示为微分形式

$$dQ = dE + dA \tag{10.9}$$

在历史上人们曾幻想制造出不需要任何动力的热机——即永动机。所谓永动机就是不需要外界提供能量就能源源不断对外做功,且工作物质状态不改变的机器,这显然是违背热力学第一定律的。这种永动机称为第一类永动机。热力学第一定律的另一种表述就是：第一类永动机是不可能制造出来的。这也是能量守恒定律的发现者之一亥姆霍兹的原始表述。

10.2　热力学第一定律在等值过程的应用

下面以理想气体为例,讨论几个典型的准静态过程。

10.2.1　等体过程和摩尔定体热容

体积保持不变的过程,称为等体过程。设一定量的理想气体封闭于气缸内,气缸的活塞固定不动。将气缸与一系列有微小温度差的恒温热源连续地接触,使气体的温度渐渐上升、压强增大,但保持气体的体积不变,这就实现了准静态的等体过程,如图 10.6 所示。

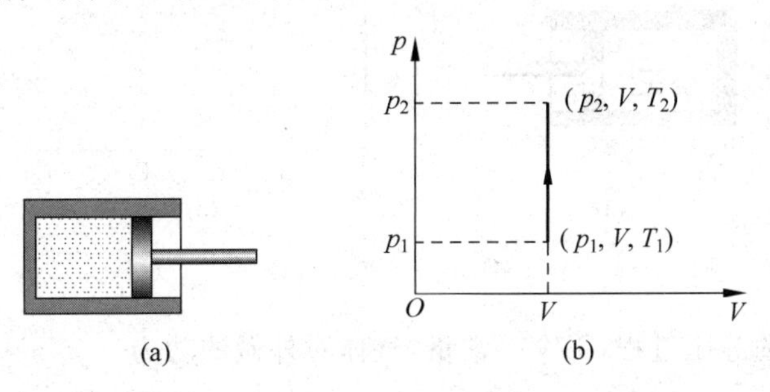

图 10.6　等体过程

对于理想气体的等体过程,T/p=常量,气体对外不做功,即 $A=0$。根据热力学第一定律,气体吸收的热量 Q 全部用来增加内能,即

$$Q = \Delta E = \frac{i}{2}\nu R(T_2 - T_1) \tag{10.10}$$

其微分形式为

$$dQ = \frac{i}{2}\nu R\,dT \tag{10.11}$$

式中,i 为分子的自由度；ν 为摩尔数。

系统在等体过程中的热容,叫定体热容,用 C_V 表示。对理想气体

$$C_V = \left(\frac{dQ}{dT}\right)_V = \frac{i}{2}\nu R \tag{10.12}$$

1mol 物质的定体热容,称为摩尔定体热容,用 $C_{V,\mathrm{m}}$ 表示。理想气体的摩尔定体热容

$$C_{V,\mathrm{m}} = \frac{C_V}{\nu} = \frac{i}{2}R \tag{10.13}$$

于是,等体过程中气体吸收的热量又可表示为

$$Q = \nu C_{V,\mathrm{m}}(T_2 - T_1) \tag{10.14}$$

而理想气体内能的增量可表示为

$$\Delta E = \nu C_{V,\mathrm{m}}(T_2 - T_1) \tag{10.15}$$

式中虽然出现定体摩尔热容 $C_{V,\mathrm{m}}$,但由于理想气体的内能与体积无关,所以式(10.15)适用于理想气体的任何过程。

10.2.2 等压过程 摩尔定压热容

压强保持不变的过程,称为等压过程。设一定量的理想气体封闭于气缸内,且气缸与一系列有微小温度差的恒温热源相接触,同时活塞上所加外力恒定不变。当恒温热源将微小的热量传给气体后,气体的温度有微小的升高,对活塞的压强略微高于外界对活塞的压强,缓慢地推动活塞,气体体积有微小增加,但系统内的压强保持不变,这就实现了准静态的等压过程,如图10.7所示。

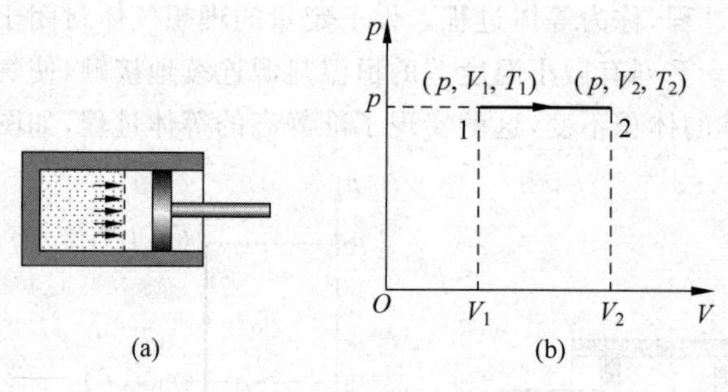

图10.7 等压过程

对于理想气体的等压过程,$T/V=$常量,气体对外做的功为

$$A = \int_{V_1}^{V_2} p\,\mathrm{d}V = p(V_2 - V_1) = \nu R(T_2 - T_1) \tag{10.16}$$

根据热力学第一定律,理想气体吸收的热量为

$$\begin{aligned} Q &= \Delta E + A = \frac{i}{2}\nu R(T_2 - T_1) + \nu R(T_2 - T_1) \\ &= \left(\frac{i}{2}+1\right)\nu R(T_2 - T_1) \end{aligned} \tag{10.17}$$

其微分形式为

$$\mathrm{d}Q = \left(\frac{i}{2}+1\right)\nu R\,\mathrm{d}T \tag{10.18}$$

系统在等压过程中的热容,叫定压热容,用 C_p 表示。

$$C_p = \left(\frac{\mathrm{d}Q}{\mathrm{d}T}\right)_p = \left(\frac{i}{2}+1\right)\nu R \tag{10.19}$$

1mol 物质的定压热容,称为定压摩尔热容,用 $C_{p,\mathrm{m}}$ 表示。对于理想气体

$$C_{p,\mathrm{m}} = \frac{C_p}{\nu} = \left(\frac{i}{2}+1\right)R \tag{10.20}$$

因 $C_{V,\mathrm{m}} = iR/2$,则有

$$C_{p,\mathrm{m}} - C_{V,\mathrm{m}} = R \tag{10.21}$$

上式由迈耶(R. Mayer)于 1842 年导出，称作迈耶公式。

引入定压摩尔热容，则等压过程中气体吸收的热量可表示为

$$Q = \nu C_{p,\mathrm{m}}(T_2 - T_1) \tag{10.22}$$

定义定压摩尔热容与定体摩尔热容之比为热容比 γ，则对理想气体

$$\gamma = \frac{C_{p,\mathrm{m}}}{C_{V,\mathrm{m}}} = \frac{i+2}{i} \tag{10.23}$$

对单原子分子：

$$i = 3,\quad C_{V,\mathrm{m}} = \frac{3}{2}R,\quad C_{p,\mathrm{m}} = \frac{5}{2}R,\quad \gamma = \frac{5}{3} \approx 1.67$$

对刚性双原子分子：

$$i = 5,\quad C_{V,\mathrm{m}} = \frac{5}{2}R,\quad C_{p,\mathrm{m}} = \frac{7}{2}R,\quad \gamma = \frac{7}{5} = 1.40$$

对刚性非直线型多原子分子：

$$i = 6,\quad C_{V,\mathrm{m}} = 3R,\quad C_{p,\mathrm{m}} = 4R,\quad \gamma = \frac{4}{3} \approx 1.33$$

10.2.3 等温过程

温度保持不变的过程，称为等温过程。设研究对象为一定量的理想气体，封闭于气缸内，气缸壁与外界绝热，只有底部与恒温热源接触并导热。当恒温热源将微小热量传给底部，气缸内气体压强增大，体积缓慢膨胀，从而推动活塞对外做功，但保持气体的温度不变，这就实现了准静态的等温过程，如图 10.8 所示。

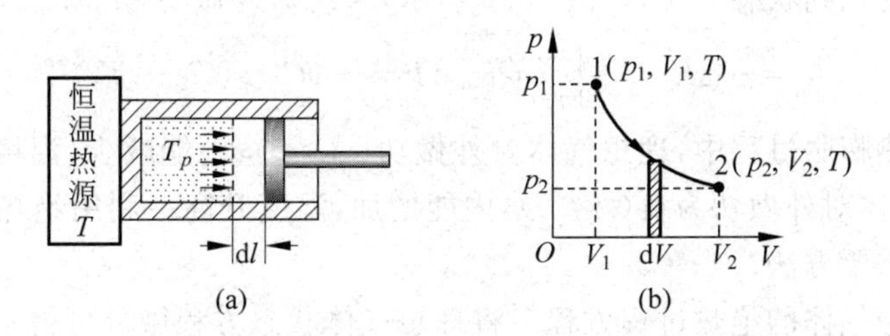

图 10.8 等温过程

在等温过程中，理想气体的内能不变，即 $\Delta E=0$。根据热力学第一定律，气体吸收的热量全部用来对外做功，即 $Q=A$。

理想气体的等温过程方程为

$$pV = \nu RT = \text{常量} \tag{10.24}$$

气体对外做的功为

$$A = \int_{V_1}^{V_2} p\mathrm{d}V = \nu RT\int_{V_1}^{V_2} \frac{\mathrm{d}V}{V} = \nu RT\ln\frac{V_2}{V_1} \tag{10.25}$$

因 $Q=A$，则气体从外界吸收的热量为

$$Q = \nu RT\ln\frac{V_2}{V_1} \tag{10.26}$$

当理想气体等温膨胀时，气体吸收的热量全部用于对外做功；当理想气体等温压缩时，外界

对气体做的功全部以热量的形式传给外界。

10.2.4 绝热过程

如果系统在其状态发生变化的过程中与外界完全没有热量交换,称该过程为绝热过程。理想的绝热过程是不存在的。但如果过程进行得较快,热量来不及与外界进行热交换的过程就可以看作是绝热过程。如声波传播时所引起的空气的压缩和膨胀过程、用气筒打气、内燃机中的爆炸等,可看作是绝热过程。

绝热过程的特征是 $Q=0$ 或 $dQ=0$。在实际中,用绝热材料将盛有气体的容器包裹起来可以实现绝热。设气体所经历的绝热过程非常缓慢,则可看作是准静态过程。准静态绝热过程如图 10.9 所示。

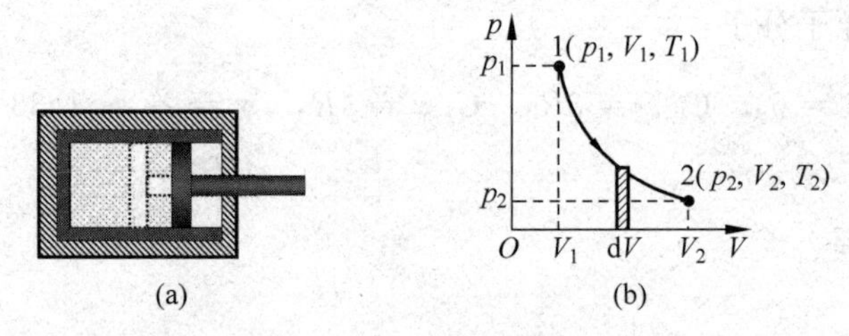

图 10.9 绝热过程

根据热力学第一定律 $dQ=dE+dA$,对于绝热过程 $dQ=0$,得

$$dA=-dE=-\nu C_{V,m}dT \tag{10.27}$$

当系统从状态 1 变化到状态 2 时,如图 10.9 所示,系统对外做功为

$$A=-\Delta E=-\int_{T_1}^{T_2}\nu C_{V,m}dT=-\nu C_{V,m}(T_2-T_1) \tag{10.28}$$

这说明在绝热膨胀过程中,理想气体对外做功($A>0$),内能减少,温度降低;在绝热压缩过程中,理想气体对外做功为负($A<0$),内能增加,温度升高。利用绝热过程降低温度是一个获得低温的重要方法。

下面推导理想气体的绝热过程方程。将理想气体状态方程微分可得

$$p dV+V dp=\nu R dT \tag{10.29}$$

在绝热过程中系统既不吸热也不放热,因此,对无穷小绝热过程,有 $p dV=-dE$,即

$$p dV=-\nu C_{V,m}dT \tag{10.30}$$

由式(10.29)和式(10.30)可得

$$\gamma\frac{dV}{V}+\frac{dp}{p}=0 \tag{10.31}$$

其中,$\gamma=C_{p,m}/C_{V,m}$。将式(10.31)积分可得 $\gamma\ln V+\ln p=$常量,即

$$pV^{\gamma}=\text{常量} \tag{10.32}$$

上式称为泊松(Poisson)公式,它表示在理想气体准静态绝热过程中 p、V 之间的关系。利用理想气体状态方程,式(10.32)还可写成

$$V^{\gamma-1}T=\text{常量} \tag{10.33}$$

$$p^{\gamma-1}T^{-\gamma}=\text{常量} \tag{10.34}$$

式(10.32)、式(10.33)、式(10.34)就是理想气体的准静态绝热过程方程。

如图 10.10 所示，在 p-V 图中画出理想气体的绝热过程曲线和等温过程曲线，它们交于 a 点。可以看出，绝热线比等温线要陡些。简要说明如下：设想由 a 点出发，分别沿等温线和绝热线把同一理想气体膨胀到 b 点和 c 点，体积都变为 V。由于等温膨胀温度不变，$T_b = T_a$；而绝热膨胀使温度降低，$T_c < T_a$，所以 $T_c < T_b$。由理想气体状态方程可知 $p_c < p_b$，这说明绝热线比等温线陡。

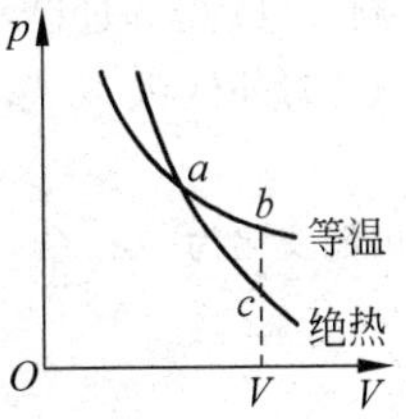

图 10.10　等温线与绝热线

设理想气体由初态(p_1, V_1, T_1)经过绝热过程到达末态(p_2, V_2, T_2)，由式(10.32)可知 $pV^\gamma = p_1 V_1^\gamma = p_2 V_2^\gamma$，因此理想气体对外做的功

$$A = \int_{V_1}^{V_2} p\mathrm{d}V = \int_{V_1}^{V_2} p_1 V_1^\gamma \frac{\mathrm{d}V}{V^\gamma} = \frac{1}{\gamma - 1}(p_1 V_1 - p_2 V_2) \tag{10.35}$$

也可以写成

$$A = Q - \Delta E = -\nu C_{V,\mathrm{m}}(T_2 - T_1) \tag{10.36}$$

这说明，理想气体在绝热膨胀($A>0$)时温度降低，绝热压缩($A<0$)时温度升高。

现在我们讨论一种非准静态的绝热过程，气体的绝热自由膨胀。如图 10.11(a)所示，一绝热容器被隔板分为体积相等的两部分，左边充满理想气体，右边抽为真空，初始状态为(p_1, V_1, T_1)。现将隔板抽出，气体最后在整个容器内达到一个新的平衡态(p_2, V_2, T_2)，这种过程称为绝热自由膨胀。此过程的任一中间态都是非平衡态，因此是非准静态过程。

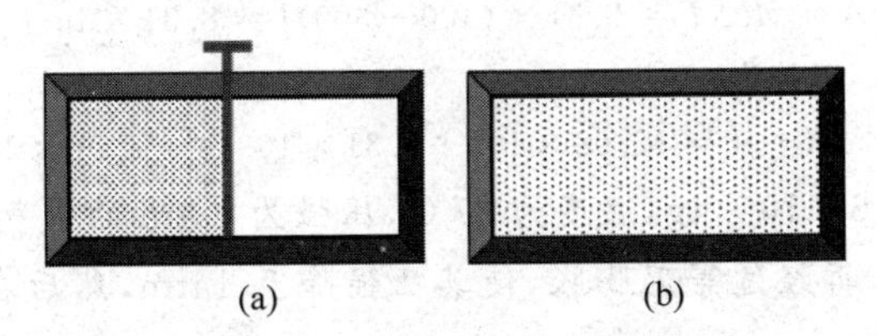

图 10.11　气体的自由膨胀

在绝热自由膨胀过程中，气体向真空膨胀时不受阻碍，因此气体对外不做功，并且过程绝热，因此理想气体内能不变，即 $T_1 = T_2$，新平衡态的温度等于初态温度。但对于实际气体，由于内能与体积有关，所以经过绝热自由膨胀，其温度一般不会恢复到原来温度。

最后简单介绍固体的热容。固体中原子在一定温度下总是处于热运动中。在温度不高时，其能量远远小于原子间的势能，因此，可以把原子的运动看作是在平衡位置附近的微小振动。设某材料的固体是一由 N 个原子构成的热力学系统，因为每个原子振动自由度是 3，按照能均分定理，每个振动自由度平均具有 kT 的能量，所以该固体内能

$$E = E_0 + 3NkT \tag{10.37}$$

其中，E_0 是固体其余能量，看作常数。对于固体可忽略膨胀做功，不必区分定体热容和定压热容，则固体的摩尔热容

$$C_\mathrm{m} = \frac{\mathrm{d}E}{\mathrm{d}T} = 3N_\mathrm{A}k = 3R \tag{10.38}$$

上式由杜隆(P. Dulong)和珀蒂(A. T. Petit)于 1818 年从实验总结出，称为杜隆-柏蒂定律。在室温下，除金刚石、硅、硼等较硬的固体外，各种金属的摩尔热容与式(10.38)符合得很好。

例 10.1 1mol 氧气温度从 300K 增加到 400K，求(1)等体过程和(2)等压过程中气体的吸热、内能变化和对外做功各是多少。

解 (1) 等体过程。

气体对外做功

$$A = 0$$

内能变化为

$$\Delta E = \nu C_V(T_2 - T_1) = \nu \frac{i}{2}R(T_2 - T_1)$$

$$= \frac{5}{2} \times 8.31 \times (400 - 300)\text{J} = 2.08 \times 10^3\text{J}$$

由热力学第一定律知

$$Q = \Delta E$$

所吸收的热量为

$$Q = \Delta E = 2.08 \times 10^3\text{J}$$

(2) 等压过程。

内能变化为

$$\Delta E = \nu C_V(T_2 - T_1) = 2.08 \times 10^3\text{J}$$

对外做功

$$A = \int_{V_1}^{V_2} p\text{d}V = p\Delta V$$

由理想气体状态方程 $p\Delta V = \nu R\Delta T$，可得

$$A = \nu R\Delta T = 8.31 \times (400 - 300)\text{J} = 8.31 \times 10^2\text{J}$$

由热力学第一定律可知，吸热为

$$Q = \Delta E + A = (2.08 \times 10^3 + 8.31 \times 10^2)\text{J} = 2.96 \times 10^3\text{J}$$

例 10.2 质量为 5.6×10^{-3}kg，温度为 27℃，压强为 1atm 的氮气，先在体积不变的情况下，使其压强增至 3atm，再经过等温膨胀，使其压强降至 1atm，然后在等压下使其体积减少一半。

(1) 画出整个过程的过程曲线；

(2) 把氮气当成刚性分子，求氮气在整个过程中内能的增量；

(3) 求在整个过程中氮气对外做的功和吸收的热量。

解 (1) 过程曲线如图 10.12 所示。

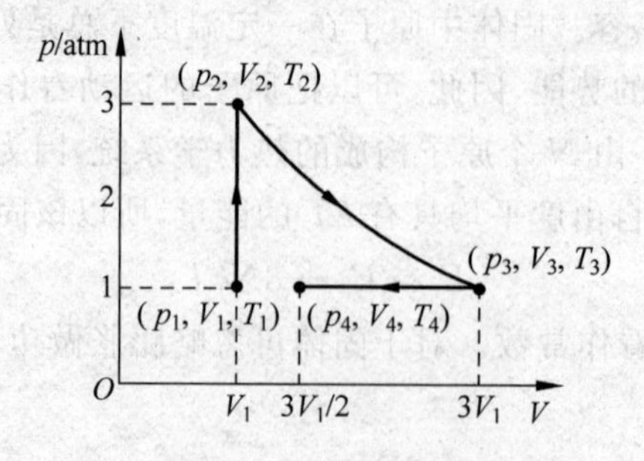

图 10.12 例 10.2 用图

氮气的摩尔质量 $\mu = 28 \times 10^{-3}\text{kg} \cdot \text{mol}^{-1}$，因此摩尔数 $\nu = m/\mu = 5.6 \times 10^{-3}/28 \times 10^{-3} = 0.2$mol。先求各个状态的温度和体积。对态 1：$p_1 = 1$atm，$T_1 = 273 + 27 = 300$K，由理想气体状态方程得

$$V_1 = \frac{\nu RT_1}{p_1} = \frac{0.2\times 8.31\times 300}{1.013\times 10^5} = 4.92\times 10^{-3}\text{m}^3$$

对态 2：$p_2=3\text{atm}, V_2=V_1=4.92\times10^{-3}\text{m}^3$，态 1 到态 2 是等体过程，$T_2/p_2=T_1/p_1$，可得

$$T_2 = \frac{p_2 T_1}{p_1} = 3\times 300 = 900\text{K}$$

对态 3：$T_3=T_2=900\text{K}, p_3=1\text{atm}$，态 2 到态 3 是等温过程，$p_3V_3=p_2V_2$，得

$$V_3 = \frac{p_2V_2}{p_3} = 3V_2 = 3\times 4.92\times 10^{-3} = 1.48\times 10^{-2}\text{m}^3$$

对态 4：$p_4=1\text{atm}, V_4=V_3/2$，态 3 到态 4 是等压过程，$T_4/V_4=T_3/V_3$，得

$$T_4 = \frac{V_4 T_3}{V_3} = \frac{T_3}{2} = 450\text{K}$$

(2) 氮气是刚性双原子分子，$i=5$，则内能的增量

$$\Delta E = \frac{i}{2}\nu R(T_4 - T_1) = \frac{5}{2}\times 0.2\times 8.31\times (450-300) = 6.23\times 10^2\text{J}$$

(3) 氮气对外做的功

$$A_{12} = 0\text{(等体)}$$

$$A_{23} = \nu RT_2\ln\frac{V_3}{V_2} = 0.2\times 8.31\times 900\times \ln 3 = 1.64\times 10^3\text{J(等温)}$$

$$A_{34} = p_3(V_4 - V_3) = 1.013\times 10^5\times\left(\frac{1}{2}-1\right)\times 1.48\times 10^{-2} = -7.50\times 10^2\text{J(等压)}$$

在整个过程中对外做的功

$$A = A_{12}+A_{23}+A_{34} = 0+1.64\times 10^3 - 7.50\times 10^2 = 8.90\times 10^2\text{J}$$

按热力学第一定律，氮气吸收的热量

$$Q = \Delta E + A = 6.23\times 10^2 + 8.90\times 10^2 = 1.51\times 10^3\text{J}$$

例 10.3　一气缸内的空气压强为 $1.013\times10^5\text{Pa}$，温度为 300K，若被准静态绝热压缩到原来体积的 1/16，试求此时的压强和温度。设空气的比热容比 $\gamma=1.4$。

解　已知初态 $p_1=1.013\times10^5\text{Pa}, T_1=300\text{K}$，由绝热过程方程 $p_1V_1^\gamma=p_2V_2^\gamma$，可得压缩后的压强为

$$p_2 = p_1\left(\frac{V_1}{V_2}\right)^\gamma = 1.013\times 10^5\times 16^{1.4} = 4.91\times 10^6\text{Pa}$$

又由绝热过程方程中温度与压强的关系 $T_1V_1^{\gamma-1}=T_2V_2^{\gamma-1}$，可得压缩后的温度为

$$T_2 = T_1\left(\frac{V_1}{V_2}\right)^{\gamma-1} = 300\times (16)^{1.4} = 909\text{K}$$

10.3　循环过程和卡诺循环

10.3.1　循环过程和热机效率

19 世纪初期，西方社会纺织和运输等行业的快速发展，需要制造出能代替人力做功的机器来提高生产力，人们把热能转化为机械能的设备称为热机。以蒸汽机为例，水在锅炉里被加热变成高温高压的蒸汽，这是一个吸热过程。蒸汽经过管道进入气缸内，在其中膨胀，推动活塞对外做功。做完功后的蒸汽进入冷凝器中凝结成水，这是一个放热过程。然后将冷凝器中的水导入锅炉，再被加热成高温高压的蒸汽，如此循环往复下去。

通常把热容无限大的假想物体，称为热源。无论热源吸收或释放多少热量，其温度都不

变化。蒸汽机中的锅炉和冷凝器都可看成热源。在热机中用来吸收热量并对外做功的物质,叫做工作物质,简称工质。

一个系统,例如热机中的工质,由某一状态出发经过一系列变化又回到原来状态的过程,叫做循环过程,简称循环。如果系统在一个循环中对外做净功,则此循环叫正循环。在 p-V 图上,正循环沿顺时针方向进行。反之,外界对系统做净功,称之为逆循环。在 p-V 图上,逆循环沿逆时针方向进行。

图 10.13(a)表示热机(蒸汽机)中的能量转化情形:工质(蒸汽)从温度为 T_1 的高温热源(锅炉)吸收热量 Q_1,在气缸内推动活塞时对外做功为 A,向温度为 T_2 的低温热源(冷凝器)放出热量 Q_2(取绝对值)。热机中的工质就是通过重复进行正循环来实现热-功转化的,如图 10.13(b)所示。

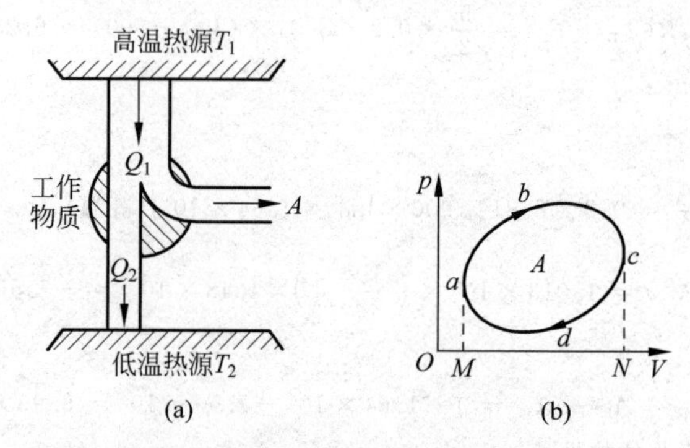

图 10.13 热机能量转化情形及正循环过程

(a) 热机中的能量转化;(b) 正循环过程

在一次循环中,工质对外所做的净功与工质从高温热源吸收的热量之比,称为热机的效率,用 η 表示为

$$\eta = \frac{A}{Q_1} \tag{10.39}$$

循环后,工质复原,内能不变。由热力学第一定律可知 $A=Q_1-Q_2$,因此,热机的效率还可写成为

$$\eta = \frac{Q_1 - Q_2}{Q_1} = 1 - \frac{Q_2}{Q_1} \tag{10.40}$$

从式(10.40)看出,假如热机只从高温热源吸热,而不向低温热源放热($Q_2=0$),其效率就可达到 100%。但理论和实验都表明,这种从单一热源吸热做功的热机根本就不存在。(见 10.4 节)几种实际热机的效率见表 10.1。

表 10.1 几种实际热机的效率

热机	蒸汽机	汽油机	柴油机	燃气轮机	液体燃料火箭
效率	约 8%	25%	37%	46%	48%

如果让工质作逆循环,则这种设备叫制冷机。图 10.14(a)表示制冷机中的能量转化情形:在一个循环中外界对工质做功 A,使工质从低温热源提取热量 Q_2,并向高温热源释放热量 Q_1。由热力学第一定律可知,$Q_1=A+Q_2$。图 10.14(b)表示的是制冷机中的工质进行

逆循环的过程。

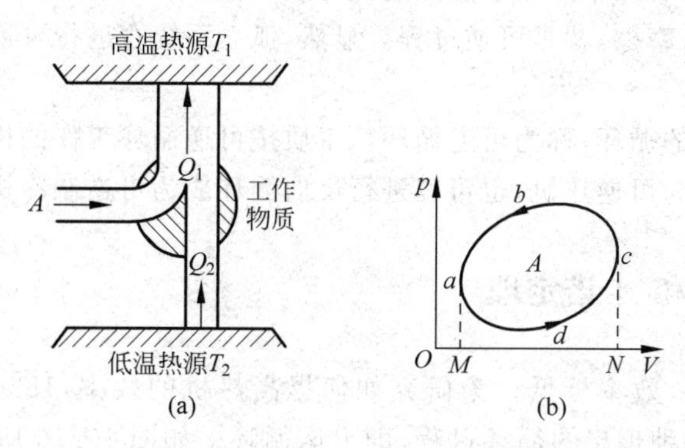

图 10.14　制冷机中的能量转化及逆循环过程
(a) 制冷机中的能量转化；(b) 逆循环过程

制冷机的性能可用致冷系数来表示。从低温热源提取的热量与外界对工质做的功之比，叫制冷系数。用 w 表示

$$w=\frac{Q_2}{A}=\frac{Q_2}{Q_1-Q_2} \tag{10.41}$$

在外界对工质做功相同的情况下，制冷系数越大，制冷效果就越好。日常用的电冰箱就是一种制冷机，其低温热源是冰箱的冷藏室，而高温热源就是周围的环境。

电冰箱构造及工作原理如图 10.15 所示。工质在压缩机内被快速压缩，其压强增大、温度升高，然后进入冷凝器(高温热源)后向周围的空气(或冷却水)放热 Q_1，并凝结为液态。液态的工作物质经过节流阀的细口通道降温降压，此处有压缩机的抽吸而使压强降得很低。液态工质进入冷藏室(低温热源)吸热 Q_2，使冷藏室温度降低而自身吸热后全部变为蒸汽。蒸汽被压缩机吸入再进行下一次循环。

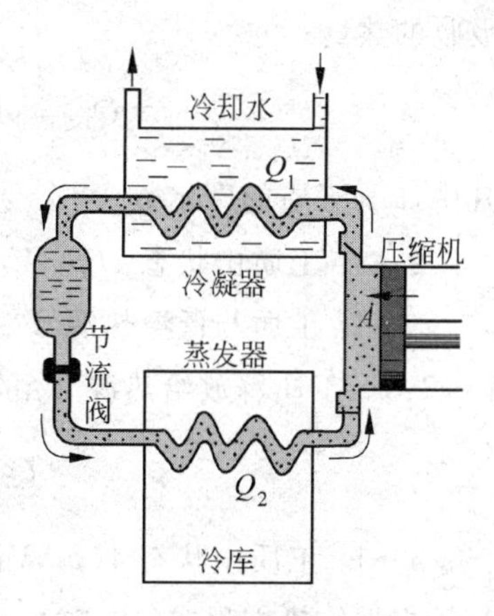

图 10.15　电冰箱循环示意

10.3.2　可逆过程和不可逆过程

一个系统由某一状态出发经过某一过程到达另一状态，如果存在另一过程，它能使系统回到原来状态，同时消除原来过程对外界所引起的一切影响，则原来过程称为可逆过程。反之，如果用任何方法都不能使系统和外界完全复原，则原来过程称为不可逆过程。

抛一块石头让它在地面上滑动，由于摩擦，石头的动能全部转化成石头和地面的内能，石头最终停下。在不引起任何其他变化的情况下，从未发生过石头和地面自动地降温，其内能自动地转化成石头的动能而让石头动起来的过程，这说明摩擦生热(功转化为热)的过程是不可逆的。向一杯水中滴入一滴墨水，墨水会在水中扩散形成非平衡态，最后达到密度均匀的平衡态。扩散的墨水是不会自发地凝聚起来的，因此涉及由非平衡态向平衡态过渡的非准静态过程也是不可逆的。气体的快速压缩或膨胀、有限温差热传导都是非准静态过程，因此，它们都不可逆。

以上分析表明,只有无摩擦的准静态过程才是可逆的。气体的无穷小的压缩或膨胀是准静态过程,只要没有摩擦,就是可逆过程。显然,孤立系统在进行可逆过程时,系统总是处于平衡态。

由可逆过程构成的循环,称为可逆循环。工质按可逆循环工作的机器,称为可逆机。它可以进行正向循环成为可逆热机,也可以进行反向循环成为可逆制冷机。

10.3.3 卡诺循环和*卡诺定理

蒸汽机发明之初,效率极低。为研究如何提高热机的效率,1824 年法国工程师卡诺(N. L. Carnot)提出一种理想的循环过程,即卡诺循环。如图 10.16 所示,卡诺循环由两个等温过程和两个绝热过程组成,它是一种可逆循环。按卡诺循环工作的热机叫卡诺热机,它是一种可逆热机。

图 10.16 卡诺循环

下面推导以理想气体为工质的卡诺热机的效率(见图 10.16)。

1→2:工质与高温热源 T_1 接触,由状态 $1(p_1,V_1,T_1)$ 经等温吸热过程到达状态 $2(p_2,V_2,T_1)$。按式(10.26),工质从热源 T_1 吸收的热量

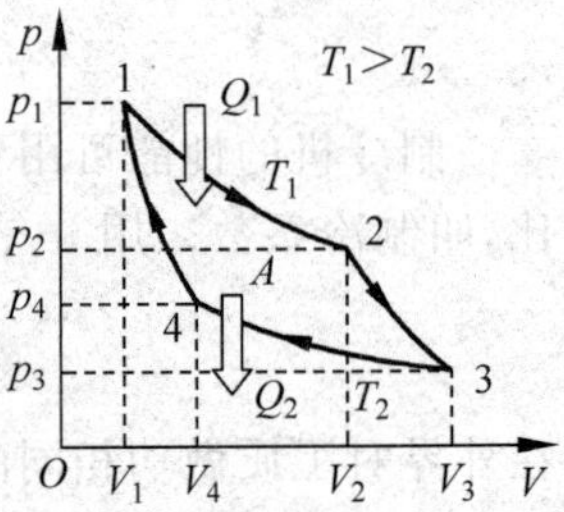

$$Q_1=\nu RT_1\ln\frac{V_2}{V_1}$$

其中,ν 为工质的摩尔数。

2→3:工质由状态 $2(p_2,V_2,T_1)$ 经准静态绝热膨胀过程到达状态 $3(p_3,V_3,T_2)$。

3→4:工质与低温热源 T_2 接触,由状态 $3(p_3,V_3,T_2)$ 经等温放热过程到达状态 $4(p_4,V_4,T_2)$。工质释放给热源 T_2 的热量

$$Q_2=-\nu RT_2\ln\frac{V_4}{V_3}=\nu RT_2\ln\frac{V_3}{V_4}$$

4→1:工质由状态 $4(p_4,V_4,T_2)$ 经准静态绝热压缩过程返回到状态 $1(p_1,V_1,T_1)$。

根据绝热方程式(10.33),在准静态绝热过程 2→3 和 4→1 中,分别有

$$V_2^{\gamma-1}T_1=V_3^{\gamma-1}T_2\quad\text{和}\quad V_1^{\gamma-1}T_1=V_4^{\gamma-1}T_2$$

因此

$$\frac{V_2}{V_1}=\frac{V_3}{V_4}$$

于是得到卡诺热机的效率

$$\eta_C=1-\frac{Q_2}{Q_1}=1-\frac{\nu RT_2\ln\frac{V_3}{V_4}}{\nu RT_1\ln\frac{V_2}{V_1}}=1-\frac{T_2}{T_1}\tag{10.42}$$

可以看出,卡诺热机的效率只由两个热源的温度决定。提高高温热源温度 T_1 和降低低温热源温度 T_2,是提高热机效率的有效途径。

卡诺通过对各类热机效率的研究,得出下面两条结论:

(1) 工作在相同的高温热源(温度为 T_1)和相同的低温热源(温度为 T_2)之间的一切可

逆热机，其效率都是 $\eta_C=1-\frac{T_2}{T_1}$，与工作物质无关。

(2) 工作在相同的高温热源和相同的低温热源之间的热机，以可逆热机的效率为最高。上述两条结论称为卡诺定理。

卡诺循环和卡诺定理具有重要的理论和实践意义。根据结论(1)，我们用可逆热机的效率就能确定温差，这为定义与测温物质无关的热力学温标提供了理论依据。根据结论(2)，有

$$\eta_C = 1-\frac{T_2}{T_1} \geqslant \eta = 1-\frac{Q_2}{Q_1}$$

若 Q 改用代数量(系统以吸热为正，放热为负)，则上式可写为

$$\frac{Q_1}{T_1}+\frac{Q_2}{T_2} \leqslant 0 \tag{10.43}$$

其中，"＝"适用于可逆循环；"＜"适用于不可逆循环。上式表明，在两热源之间循环过程中，系统从热源吸收的热量与相应热源温度的比值(热温比)之和小于或等于零。这实际上是对可逆与不可逆之间差别的一种定量描述，式(10.43)对熵概念的引入起到重要作用。

利用海水的温差可以制成热机。海洋表层的水温可达 20～30℃，而深层海水的温度接近 0℃。通常用沸点很低的液态氨吸收海水表层的热量，在蒸发器中变成氨蒸气推动气轮发电机发电。之后氨蒸气用从深海抽上来的低温海水冷却还原为液态氨，再泵入蒸发器循环使用。目前海洋温差发电技术的研究取得了实质性进展，美、印、日等国都建有海洋温差发电站。

按卡诺循环的逆循环工作的制冷机，叫卡诺制冷机。可以导出其制冷系数：

$$w_C = \frac{T_2}{T_1-T_2} \tag{10.44}$$

家庭用电冰箱要使冷藏室保持 4℃的温度，而室内温度为 27℃，按卡诺制冷循环计算，其制冷系数为

$$w_C = \frac{T_2}{T_1-T_2} = \frac{4+273}{300-277} = 12$$

从做功吸热的角度，冰箱制冷还是相当合算的。由制冷系数公式 $w=\frac{Q_2}{A}$，按此系数计算，做 1 份功可从冰箱内吸走 12 份热量。但实际的冰箱制冷系数要比这个数小些。

例 10.4　一循环过程如图 10.17 所示。在 $A\to B$ 过程中系统吸热 140J，在 $B\to C$ 过程中系统放热 160J，在 $C\to A$ 过程中系统吸热 60J。求循环的效率。

解　在此循环过程中，系统从外界吸收的热量 $Q_1=140+60=200$J，释放的热量 $Q_2=160$J。因此循环的效率

$$\eta = 1-\frac{Q_2}{Q_1} = 1-\frac{160}{200} = 20\%$$

例 10.5　如图 10.18 所示，一定质量的理想气体从状态 A 出发，经过一个循环又回到状态 A。设气体为单原子分子气体。求：

(1) 一次循环气体所做的净功；

(2) 该循环的效率。

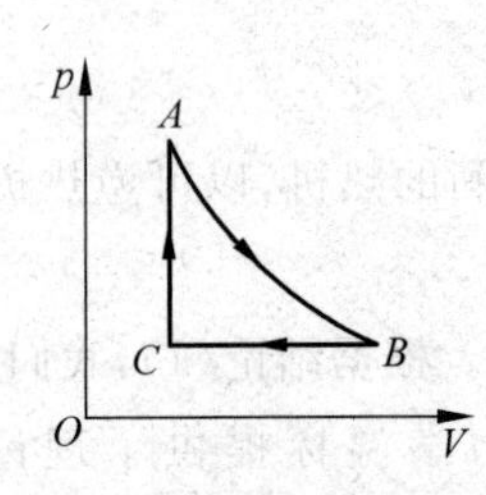

图 10.17 例 10.4 用图

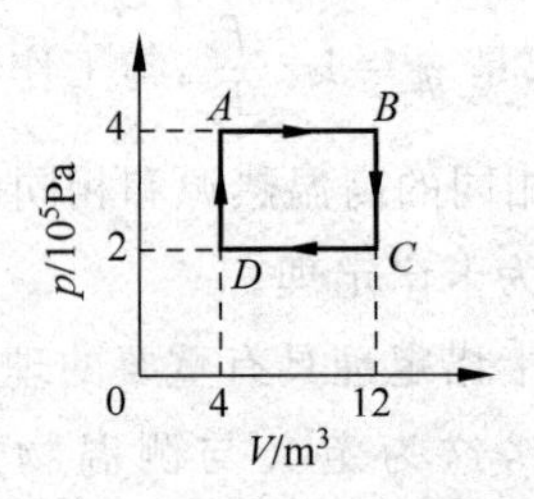

图 10.18 例 10.5 用图

解 (1) 此循环由两个等体过程和两个等压过程组成,等体过程气体不做功,只有等压过程才做功。因此,一次循环气体所做的净功

$$A = P_A(V_B - V_A) + P_C(V_D - V_C)$$
$$= 4\times10^5\times(12-4) + 2\times10^5\times(4-12) = 1.6\times10^6\,\mathrm{J}$$

(2) 判断气体在哪些过程中吸热。$A\to B$ 过程:气体等压膨胀,温度升高,内能增加,并对外做功,根据热力学第一定律,气体吸热。$D\to A$ 过程:气体等体升压,温度升高内能增加,但不做功,因此气体吸热。同理可知,在 $B\to C$ 和 $C\to D$ 过程中气体放热。因此在整个循环过程中,只有在 $A\to B$ 和 $D\to A$ 过程中气体吸热,吸收的总热量

$$Q_1 = \nu C_{p,\mathrm{m}}(T_B - T_A) + \nu C_{V,\mathrm{m}}(T_A - T_D)$$
$$= \frac{5}{2}\nu R(T_B - T_A) + \frac{3}{2}\nu R(T_A - T_D)$$

按理想气体状态方程,$pV = \nu RT$,上式为

$$Q_1 = \frac{5}{2}(p_B V_B - p_A V_A) + \frac{3}{2}(p_A V_A - p_D V_D)$$
$$= \frac{5}{2}(4\times12 - 4\times4)\times10^5 + \frac{3}{2}(4\times4 - 2\times4)\times10^5$$
$$= 9.2\times10^6\,\mathrm{J}$$

由此得循环的效率

$$\eta = \frac{A}{Q_1} = \frac{1.6\times10^6}{9.2\times10^6} = 17.4\%$$

例 10.6 一卡诺循环以氢气为工作物质,若在绝热膨胀时末态的压强 p_2 是初态压强 p_1 的 1/3,求循环的效率。

解 根据卡诺循环的效率

$$\eta = 1 - \frac{T_2}{T_1}$$

由绝热方程

$$\frac{p_1^{\gamma-1}}{T_1^{\gamma}} = \frac{p_2^{\gamma-1}}{T_2^{\gamma}}$$

可得

$$\frac{T_2}{T_1} = \left(\frac{p_2}{p_1}\right)^{1-\frac{1}{\gamma}}$$

氢作为刚性双原子分子,$\gamma = \frac{7}{5}$,则

$$\frac{T_2}{T_1} = \left(\frac{1}{3}\right)^{1-\frac{5}{7}} = \left(\frac{1}{3}\right)^{\frac{2}{7}} = 0.73$$

所以

$$\eta = 1 - \frac{T_2}{T_1} = 27\%$$

例 10.7　冬天用空调取暖。设室内需要保持 22℃，室外温度为 −10℃，求每消耗 1kW·h 的电量可使室内空间获得多少热量。

解　假定空调的工作物质作卡诺循环，$T_1 = 295\text{K}$，$T_2 = 263\text{K}$，由卡诺循环制冷系数 $w = \frac{T_2}{T_1 - T_2} = \frac{Q_2}{A}$，得到

$$Q_2 = wA = \frac{T_2}{T_1 - T_2} A$$

$$w = \frac{263}{295 - 263} = 8.22$$

而

$$A = Q_1 - Q_2$$

所以

$$Q_1 = Q_2 + A = \frac{T_1}{T_1 - T_2} A = 9.22A = 9.22\text{kW} \cdot \text{h} = 3.32 \times 10^7 \text{J}$$

如果用电热器取暖

$$Q_1' = A = 1.0\text{kW} \cdot \text{h} = 3.6 \times 10^6 \text{J}$$

由此自然得出冬天取暖用空调还是电暖气省电了。

10.4　热力学第二定律及其微观意义

10.4.1　热力学第二定律的宏观表述

根据热力学第一定律，自然界发生的一切过程都必须遵守能量守恒定律。但能量守恒的过程是不是都能发生呢？不一定！大量实验事实表明，自然界发生的过程具有方向性，沿某些方向可以自发（不受外界干预）地进行某些过程（自然过程），反过来则不能进行，尽管反方向的过程也满足能量守恒定律。

热力学第二定律指明了自然过程的不可逆性，它有多种表述方式，最常用的有以下两种：

（1）克劳修斯（Clausius）表述（1850 年）。不可能把热量从低温物体传到高温物体，而不引起其他变化。也就是热量不能自动地从低温物体传向高温物体。

（2）开尔文（Kelvin）表述（1851 年）。不可能从单一热源吸收热量，使之完全转化为有用功而不引起其他变化。也就是其唯一效果是热全部转变为功的过程是不可能的。

如果能制成从单一热源吸热做功，而不产生其他影响的机器，就能直接把海水蕴藏的热量取出做功，成为取之不尽、用之不竭的能源。这种机器也是一种永动机，叫第二类永动机。热力学第二定律的开尔文表述也可说成：第二类永动机不能制成。

克劳修斯表述和开尔文表述是等价的。如图 10.19 所示，设克劳修斯表述不正确，即热量 Q_2 可以从低温热源 T_2 传到高温热源 T_1 而不引起其他影响，就可以用卡诺热机从高温热源 T_1 吸收热量 Q_1，再把热量 Q_2 传给低温热源，同时对外做功 A。如此联合工作的结果是，低温热源不发生变化，而高温热源放出的热量（$Q_1 - Q_2$）完全转化为有用功 A 而不引起

其他变化,这样就导致开尔文表述不正确。同理可证,否定开尔文表述就否定克劳修斯表述。因此这两种表述等价。

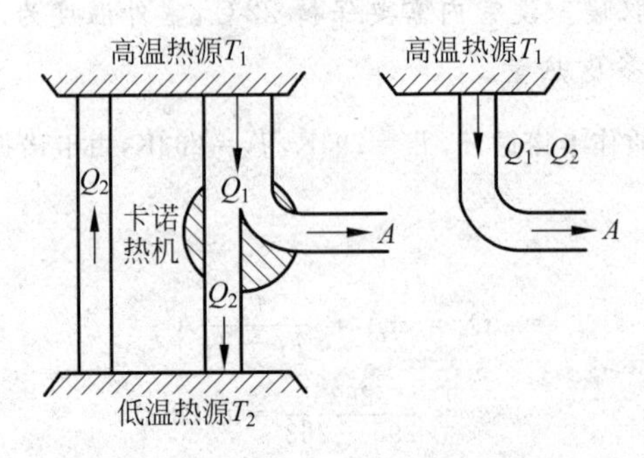

图 10.19 克劳修斯表述不对导致开尔文表述不对

上述两种表述的等价性反映了各种不可逆过程的内在联系,只要挑选出一种与热现象有关的宏观过程,指出其不可逆性,就是对热力学第二定律的一种表述。

10.4.2 微观态和等概率假设

单个分子的运动规律总是可逆的,为什么由分子组成的热力学系统的宏观过程就不可逆了?这实际上是概率的规律在起作用。热力学过程是由一系列依次出现的宏观状态组成,过程进行的方向与宏观态出现的概率的大小有关。

如图 10.20 所示,一个长方形容器被隔板平均分成左、右两部分。开始时在容器的左侧有 4 个相同的分子,分别标记为 a、b、c、d,容器右侧抽成真空。抽去隔板后,分子可以出现在容器的左侧,也可以出现在右侧。

a● ●b
c● ●d

图 10.20 4 个分子组成的系统

从微观上看,这 4 个标记不同的分子在容器左侧和右侧的每一种占据方式,就代表系统在位置分布上的一个微观状态。但是在宏观上这些分子是无法区别的,只能笼统地说容器左侧和右侧各有几个分子,因此,系统的每一个宏观态都包括个数不等的微观态。

表 10.2 列出了 4 个分子组成系统的宏观状态和微观状态,以及一个宏观态所包括的微观态的数目 Ω。这一系统可以形成 16 个微观态和 5 个宏观态,其中左、右两侧分子数相等(左 2,右 2)的宏观态包括 6 个微观态,比其他宏观态所包括的微观态数目要多。

表 10.2 4 个分子的微观和宏观状态

微观状态		宏观状态		包括的微观状态数 Ω
左	右	左	右	
abcd		4	0	1
abc abd acd bcd	d c b a	3	1	4

续表

微观状态		宏观状态		包括的微观状态数 Ω
左	右	左	右	
ab ac ad bc bd cd	cd bd bc ad ac ab	2	2	6
d c b a	abc abd acd bcd	1	3	4
	abcd	0	4	1

在分子数较少的情况下，尽管左、右两侧分子数相等的宏观态包括微观态最多，但它们占微观态总数的比例并不大。随着分子数增多，左、右两侧分子数相等和近似相等的那些宏观态所包括的微观态数，占微观态总数的比例将明显地增大。

表 10.3 列出的是 20 个分子组成系统的宏观态所包括的微观态数。

表 10.3　20 个分子的宏观态所包括的微观态数

宏观状态	微观状态数 Ω
左 20 右 0	1
左 18 右 2	190
左 15 右 5	15 504
左 11 右 9	167 960
左 10 右 10	184 765
左 9 右 11	167 960
左 5 右 15	15 504
左 2 右 18	190
左 0 右 20	1

实际系统的分子数高达 10^{23} 数量级，这时均匀分布和近似均匀分布的微观态数，占微观态总数的比例几乎等于百分之百。系统的平衡态，就是那些包括微观态数最多的宏观态及其附近一系列在实验上不能分辨的宏观态。

在孤立系统中分子的运动完全无序，因此，微观态的出现完全是随机的事件，没有理由说哪个微观态出现的概率更大。玻耳兹曼提出假设：在孤立系统中，总能量相等的各个微观态出现的概率相等。这称为等概率假设，它是统计物理学中的一个基本假设。

10.4.3　热力学第二定律的统计意义

如果一个事件由两个互相排斥的事件组成，则该事件出现的概率等于两排斥事件各自发生的概率之和，这叫概率加法法则。在一定的宏观条件下，系统任一瞬间只能处于某一微观态,而不能同时处于另一个不同的微观态,因此,各个微观态的出现是互相排斥的事件。

按概率加法法则,系统某一宏观态出现的概率等于所包括的各个微观态出现的概率之和。又因各个微观态出现的概率相等,所以任一宏观态出现的概率与所包括的微观态数 Ω 成正比,Ω 越大,宏观态出现的概率就越大。由于平衡态包括微观态数最多,所以平衡态出现的概率最大。在自然过程中,系统总会自动地从包括微观态数少的宏观态向包括微观态数多的宏观态过渡,最后达到平衡态,而相反的过程是不会自动发生的。由于宏观态包括微观态越多,分子热运动就越无序(混乱),所以,自然过程总会自动地沿着分子热运动的无序性增大的方向进行。

从微观上看,做功(包括电流做功)传递的是分子的方向有序运动的能量,而传热是大量分子的无序运动(热运动)能量的传递。摩擦生热是功转化为热的过程,是大量分子的有序运动向无序运动转化的过程,因此可以自动发生。而相反的过程,即热自动转化为功,是无序自动变为有序的过程,是不可能发生的。水中滴入的墨水会在水中扩散,分子的位置分布更加无序,因此可以自动发生。而扩散的墨水自动地凝聚,即无序自动变为有序,是不会发生的。这就从统计意义上解释了,为什么涉及摩擦生热的过程和涉及由非平衡态向平衡态过渡的非准静态过程都是不可逆的。

玻耳兹曼把宏观状态所包括的微观状态数 Ω,称做热力学概率。热力学概率可以作为对分子运动的无序性的一种量度。平衡态的热力学概率最大。

1877 年玻耳兹曼提出:一个孤立系统自发进行的过程(不可逆过程),总是向热力学概率增加的方向进行。

10.4.4 熵和熵增加原理

热力学第一定律中有一个状态函数——内能,热力学第二定律也有一个状态函数用来反映孤立系统自发过程的方向性,它就是熵。

熵的概念是由克劳修斯于 1865 年首先在宏观上引入的,并用熵增加原理表述了热力学过程进行的方向性。1877 年,玻耳兹曼把熵和概率联系起来,阐明了熵和熵增加原理的统计本质,为物理学的进展作出了重大贡献。可以证明,克劳修斯熵和玻耳兹曼熵是等价的。

1. 克劳修斯熵

卡诺定理阐述了在相同高温热源 T_1 与低温热源 T_2 之间工作的热机的效率都不超过可逆卡诺热机的效率,即

$$\eta = 1 - \frac{Q_2}{Q_1} \leqslant 1 - \frac{T_2}{T_1} \tag{10.45}$$

于是得到

$$\frac{Q_2}{Q_1} \leqslant \frac{T_2}{T_1} \tag{10.46}$$

式中,Q_1 是从高温热源吸收的热量,Q_2 是向低温热源放出热量的数值(即绝对值)。若将 Q_1 与 Q_2 都写成代数值,由于 $Q_1>0$,$Q_2<0$,故又可写为

$$\frac{Q_1}{T_1} + \frac{Q_2}{T_2} \leqslant 0 \tag{10.47}$$

符号“<”表示不可逆循环，“=”表示可逆卡诺循环。

对于任意循环过程，可分解成许多微小的卡诺循环，如图 10.21 所示。对于任意一个微小的卡诺循环 C，用 $\mathrm{d}Q$ 代表系统在无穷小过程中从温度为 T 的热源吸收的热量，则可把式(10.47)推广为

$$\oint_{(C)} \frac{\mathrm{d}Q}{T} \leqslant 0 \tag{10.48}$$

其中，“=”适用于可逆循环，“<”适用于不可逆循环。上式称为克劳修斯不等式。它表明，系统的热温比沿任一循环的积分都小于或等于零。

对可逆循环，克劳修斯不等式化为等式

$$\oint_{(R)} \frac{\mathrm{d}Q}{T} = 0 \tag{10.49}$$

其中，R 代表任意一个可逆循环。上式说明，系统的热温比沿任一可逆循环的积分等于零。克劳修斯熵就是由式(10.49)引入的。

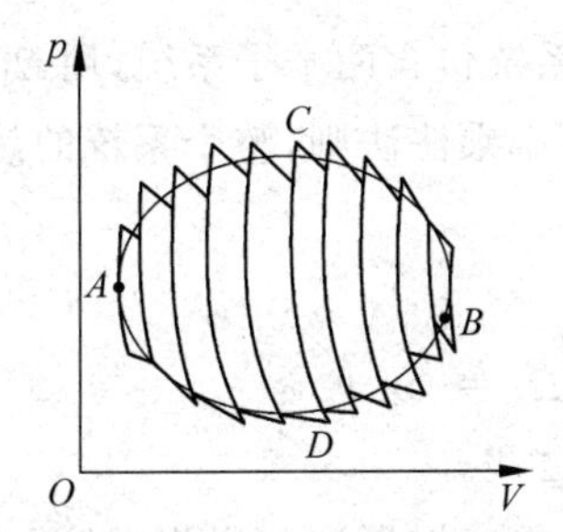

图 10.21　把一个循环分解成多个卡诺循环

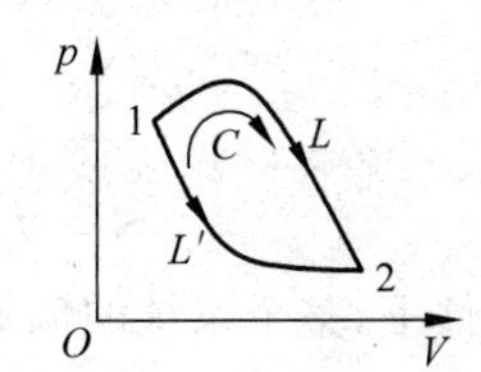

图 10.22　积分与路径无关

如图 10.22 所示，L 和 L' 代表连接平衡态 1 和 2 的两个任意的可逆过程，C 代表循环 1—L—2—L'—1。按式(10.49)，有

$$\oint_{(C)} \frac{\mathrm{d}Q}{T} = \int_{1(L)}^{2} \frac{\mathrm{d}Q}{T} - \int_{1(L')}^{2} \frac{\mathrm{d}Q}{T} = 0 \tag{10.50}$$

即

$$\int_{1(L)}^{2} \frac{\mathrm{d}Q}{T} = \int_{1(L')}^{2} \frac{\mathrm{d}Q}{T} \tag{10.51}$$

这说明，系统的热温比沿可逆过程的积分与可逆过程无关。由此可以定义系统的一个状态函数——克劳修斯熵：系统从平衡态 1 经过某一过程到达另一平衡态 2，克劳修斯熵的增量定义为

$$\Delta S = S_2 - S_1 = \int_{1(R)}^{2} \frac{\mathrm{d}Q}{T} \tag{10.52}$$

式中，R 代表连接态 1 和态 2 的任意一个可逆过程；$\mathrm{d}Q$ 为系统在可逆过程 R 中从温度为 T 的热源吸收的无穷小热量。对于无穷小可逆过程，有

$$\mathrm{d}S = \frac{\mathrm{d}Q}{T} \tag{10.53}$$

由于在可逆过程中系统与热源每一步都处于热平衡，所以式(10.52)、式(10.53)中的 T 也就是系统的温度。

式(10.52)、式(10.53)称为克劳修斯熵公式。按照定义，计算两个状态之间的熵增时积

分必须沿连接这两个态的可逆过程进行。由于两态之间的熵增与过程无关,所以可逆过程可以任意选择,设计得巧妙会使计算变得简单。

熵的英文名 entropy 是克劳修斯造的,我国物理学家胡刚复先生译为“熵”,“商”是指热量与温度之比,而“火”字旁则表示热学量。

2. 玻耳兹曼熵

按照玻耳兹曼对熵的定义,系统宏观状态的熵 S 与该宏观态的热力学概率 Ω 的对数成正比,即 $S\propto\ln\Omega$。1900 年,普朗克引入玻耳兹曼常量 k,把该式写成

$$S = k\ln\Omega \tag{10.54}$$

按上式定义的熵,叫玻耳兹曼熵。熵的量纲与 k 的量纲相同,其单位是 J/K。

从式(10.54)看出,熵是宏观态的状态函数,它和热力学概率一样也是对系统无序性的一种量度。由于在孤立系统的所有宏观态中平衡态的热力学概率最大,所以,平衡态的熵最大。

把熵定义为 $\ln\Omega$ 的形式,使熵具有可加性。设系统包含两个子系统,用 Ω_1 和 Ω_2 分别代表在一定条件下这两个子系统的热力学概率。按概率乘法法则,整个系统的热力学概率

$$\Omega = \Omega_1\Omega_2 \tag{10.55}$$

因此

$$S = k\ln\Omega = k\ln\Omega_1 + k\ln\Omega_2 = S_1 + S_2 \tag{10.56}$$

即在同一条件下,整个系统的熵等于所有子系统熵之和。

把熵和概率联系起来是一个具有深远意义的思想。根据这一思想,1927 年冯·诺依曼(J. van Neumann)给出了熵的量子力学表述;1948 年香农(C. E. Shannon)定义了信息熵,创立了信息科学。

熵不仅是自然科学和工程技术中的一个重要概念,而且已经进入人文科学领域。

3. 熵增加原理

下面,我们由克劳修斯不等式导出熵增加原理。如图 10.23 所示,R 代表连接态 1 和态 2 的任意一个可逆过程,I 代表任意一个不可逆过程,C 代表不可逆循环 1—I—2—R—1(不存在反向循环)。按式(10.50)

$$\oint_{(C)} \frac{\mathrm{d}Q}{T} = \int_{1(I)}^{2} \frac{\mathrm{d}Q}{T} - \int_{1(R)}^{2} \frac{\mathrm{d}Q}{T} = \int_{1(I)}^{2} \frac{\mathrm{d}Q}{T} - \Delta S < 0 \tag{10.57}$$

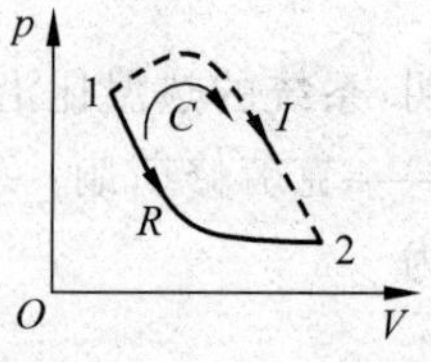

即

$$\Delta S > \int_{1(I)}^{2} \frac{\mathrm{d}Q}{T} \tag{10.58}$$

图 10.23 熵增加原理的推导

把上式与 $\Delta S = \int_{1(R)}^{2} \frac{\mathrm{d}Q}{T}$ 联合写成

$$\Delta S \geqslant \int_{1(L)}^{2} \frac{\mathrm{d}Q}{T} \tag{10.59}$$

其中 L 代表任意过程,“=”适用于可逆过程,“>”适用于不可逆过程。应该指出,式(10.59)对任何系统(孤立系统或非孤立系统)都是成立的。

对于一个孤立系统，由于系统中发生的任意过程都是绝热的，即 $dQ=0$，代入式(10.59)，可得

$$\Delta S = S_2 - S_1 \geqslant 0(\text{孤立系统}) \tag{10.60}$$

这就是熵增加原理。式中 S_1 和 S_2 分别代表系统初态和末态的熵；“$=$”适用于可逆过程，“$>$”适用于不可逆过程。由熵增加原理可知，孤立系统从一个平衡态经过某一过程到达另一平衡态，如果过程是可逆的，则熵不变；过程不可逆，熵增加。熵增加原理是热力学第二定律的数学表述。

*10.4.5　理想气体的熵

对于无穷小可逆过程，由式(10.53)可得 $dQ=TdS$，代入热力学第一定律 $dQ=dE+dA$，得

$$TdS = dE + dA \tag{10.61}$$

上式综合了热力学第一定律和第二定律，是热力学中的一个基本关系式。

设有 1mol 理想气体由状态(p_1, V_1, T_1)经过某一过程到达状态(p_2, V_2, T_2)，按式(10.61)，其熵变

$$\Delta S = S_2 - S_1 = \int_{1(R)}^{2} dS = \int_{1(R)}^{2} \frac{dE + dA}{T} \tag{10.62}$$

其中 R 代表任一连接态 1 和态 2 的可逆过程。把 $dE=C_{V,m}dT$，$dA=pdV=RTdV/V$ 代入，得

$$\Delta S = S_2 - S_1 = C_{V,m}\int_{1(R)}^{2}\frac{dT}{T} + R\int_{1(R)}^{2}\frac{dV}{V} = C_{V,m}\ln\frac{T_2}{T_1} + R\ln\frac{V_2}{V_1} \tag{10.63}$$

利用理想气体的状态方程，并注意 $C_{V,m}+R=C_{p,m}$，可得

$$\Delta S = S_2 - S_1 = C_{p,m}\ln\frac{T_2}{T_1} - R\ln\frac{p_2}{p_1} \tag{10.64}$$

和

$$\Delta S = S_2 - S_1 = C_{V,m}\ln\frac{p_2}{p_1} + C_{p,m}\ln\frac{V_2}{V_1} \tag{10.65}$$

式(10.63)、式(10.64)、式(10.65)就是 1mol 理想气体的熵变公式。

例 10.8　如图 10.24 所示，一刚性绝热容器用隔板平均分成左、右两部分。开始时在容器的左侧充满 1mol 单原子理想气体，并处于平衡态，容器右侧抽成真空。打开隔板后气体自由膨胀充满整个容器并达到平衡。分别用玻耳兹曼熵和克劳修斯熵计算气体的熵变。

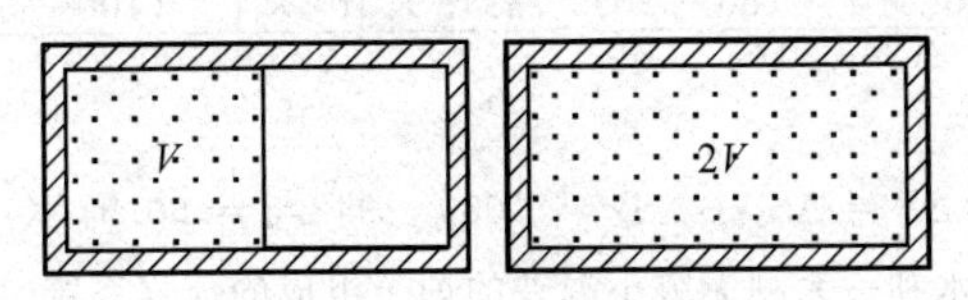

图 10.24　例 10.8 用图

解　理想气体经自由膨胀达到平衡后温度不变，分子速度分布的无序程度不变。但分子占据的空间扩大一倍，分子位置的分布变得更加混乱。

(1) 用玻耳兹曼熵计算。每个分子按位置分布的微观态数与分子所能到达的体积成正比，因此 N_A 个

分子膨胀前的微观状态数 $\Omega_1 \propto V^{N_A}$，膨胀后的微观状态数 $\Omega_2 \propto (2V)^{N_A}$，则气体的熵变为

$$\Delta S = S_2 - S_1 = k(\ln\Omega_2 - \ln\Omega_1)$$

$$= k\ln\left(\frac{\Omega_2}{\Omega_1}\right) = kN_A\ln 2 = R\ln 2$$

由于绝热自由膨胀是不可逆过程，所以 $\Delta S > 0$ 符合熵增加原理。

(2) 用克劳修斯熵计算。按式(10.63)，熵变

$$\Delta S = S_2 - S_1 = C_{V,m}\ln\frac{T}{T} + R\ln\frac{2V}{V} = R\ln 2$$

与玻耳兹曼熵的结果一致，反映出这两种熵的等价性。

例 10.9 设有 1kg 温度为 20℃的水，已知水的比热容为 4.18×10^3 J/(kg·K)。

(1) 如果把水放到 100℃的炉子上加热到 100℃，求这一过程引起水的熵变及水和炉子所组成系统的熵变。

(2) 如果把水先用 50℃的炉子加热到 50℃，再用 100℃的炉子加热到 100℃，求这一过程引起水的熵变及水和炉子所组成系统的熵变。

(3) 如果把水依次与一系列温度从 20℃逐渐升高到 100℃的无穷小温差的炉子接触，最后使水达到 100℃，求这一过程引起水和这一系列炉子所组成系统的熵变。

解 水在炉子上的加热是有限温差热传导，是不可逆的。为计算水的熵变，设想把水依次与一系列温度逐渐升高无穷小温差 dT 的炉子接触，通过可逆的等温热传导使水温升高到 100℃ 。炉子可当成恒温热源，炉子所经的过程是等温过程，其熵变等于整个过程吸收的热量除以炉温。

(1) 水的熵变

$$\Delta S_1 = \int\frac{dQ}{T} = \int_{T_1}^{T_2}\frac{Cm\,dT}{T} = Cm\ln\frac{T_2}{T_1}$$

$$= 4.18\times10^3\times1\times\ln\left(\frac{273+100}{273+20}\right) = 1\,009\text{J/K}$$

水的熵变与加热的过程无关，因此上述结果就是把水直接放到 100℃炉子上加热到 100℃所引起的熵变。

炉子可当成恒温热源，所经过程是等温放热过程。设想炉子与另一假想的等温热源接触，向该热源放出使水温升高到 100℃所需热量，因此炉子的熵变

$$\Delta S_2 = \int\frac{dQ}{T} = \frac{1}{T_2}\int_{T_1}^{T_2}dQ = -\frac{Cm(T_2 - T_1)}{T_2}$$

$$= -\frac{4.18\times10^3\times1\times(100-20)}{273+100} = -896.5\text{J/K}$$

系统的熵变

$$\Delta S = \Delta S_1 + \Delta S_2 = 1\,009 - 896.5 = 112.5\text{J/K}$$

由于过程不可逆，所以系统的熵增加。

(2) 水的熵变仍为 $\Delta S_1 = 1\,009$J/K，但炉子的熵变

$$\Delta S_2 = -\frac{4.18\times10^3\times1\times(50-20)}{273+50} - \frac{4.18\times10^3\times1\times(100-50)}{273+100} = -948.5\text{J/K}$$

系统的熵变

$$\Delta S = \Delta S_1 + \Delta S_2 = 1\,009 - 948.5 = 60.5\text{J/K}$$

(3) 与前两种情况不同，水和一系列无穷小温差的炉子组成的孤立系统进行的是可逆过程，因此系统的熵变 $\Delta S = 0$。

例 10.10 如图 10.25 所示，一刚性绝热容器用一个可以无摩擦移动的不漏气导热隔板分成两部分，在这两部分中分别充满 1mol 的氦气(He)和 1mol 的氧气(O_2)。开始时氦气的温度 $T_1 =$

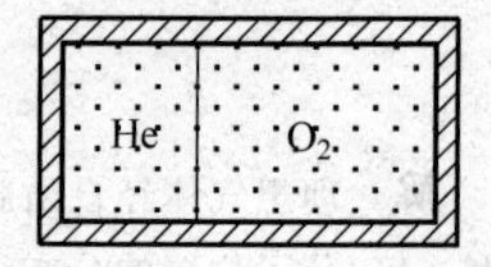

图 10.25 例 10.10 用图

300K，氧气的温度 $T_2=600\text{K}$，压强都为 $p=1\text{atm}$。求系统达到平衡态时氦气和氧气各自的熵变。

解 可用式(10.64)计算熵变，但要先求出末态的温度 T' 和压强 p'。外界对气体既不传热也不做功，所以系统的内能不变

$$\Delta E = C_{1V,\text{m}}(T'-T_1)+C_{2V,\text{m}}(T'-T_2)=0$$

解出

$$T'=\frac{C_{1V,\text{m}}T_1+C_{2V,\text{m}}T_2}{C_{1V,\text{m}}+C_{2V,\text{m}}}$$

氦气是单原子分子气体，$C_{1V,\text{m}}=3R/2$；氧气可当成刚性双原子分子气体，$C_{2V,\text{m}}=5R/2$。因此

$$T'=\frac{\frac{3}{2}\times 300+\frac{5}{2}\times 600}{\frac{3}{2}+\frac{5}{2}}=487.5\text{K}$$

用 V_1 和 V_2 分别代表开始时氦气和氧气的体积，则可列出三个状态方程

$$pV_1=RT_1,\quad pV_2=RT_2,\quad p'(V_1+V_2)=2RT'$$

解出

$$p'=\frac{2T'p}{T_1+T_2}=\frac{2\times 487.5\times 1}{300+600}=1.08\text{atm}$$

按式(10.64)，氦气的熵变

$$\begin{aligned}\Delta S_1 &= C_{1p,\text{m}}\ln\frac{T'}{T_1}-R\ln\frac{p'}{p}=\left(\frac{3}{2}+1\right)R\ln\frac{T'}{T_1}-R\ln\frac{p'}{p}\\ &=R\left(\frac{5}{2}\ln\frac{T'}{T_1}-\ln\frac{p'}{p}\right)=8.31\times\left(2.5\times\ln\frac{487.5}{300}-\ln\frac{1.08}{1}\right)\\ &=9.45\text{J/K}\end{aligned}$$

氧气的熵变

$$\begin{aligned}\Delta S_2 &= C_{2p,\text{m}}\ln\frac{T'}{T_2}-R\ln\frac{p'}{p}=\left(\frac{5}{2}+1\right)R\ln\frac{T'}{T_2}-R\ln\frac{p'}{p}\\ &=R\left(\frac{7}{2}\ln\frac{T'}{T_2}-\ln\frac{p'}{p}\right)=8.31\times\left(3.5\times\ln\frac{487.5}{600}-\ln\frac{1.08}{1}\right)\\ &=-6.68\text{J/K}\end{aligned}$$

系统的熵变

$$\Delta S=\Delta S_1+\Delta S_2=9.45-6.68=2.77\text{J/K}$$

例 10.11 求 1kg 温度为 0℃的冰在 0℃时完全融化成水后的熵变，并计算由冰到水微观状态数增加到多少倍。已知冰在 0℃时的溶解热 $L=3.35\times 10^5\text{J/kg}$。

解 设想 0℃的冰与 0℃的恒温热源接触，经可逆的等温吸热过程完全融化成水，则熵变

$$\Delta S=\int\frac{\text{d}Q}{T}=\frac{Q}{T}=\frac{mL}{T}=\frac{1\times 3.35\times 10^5}{273}=1.23\times 10^3\text{J/K}$$

按玻耳兹曼熵公式

$$\Delta S=k\ln\frac{\Omega_2}{\Omega_1}=2.30k\lg\frac{\Omega_2}{\Omega_1}=1.23\times 10^3\text{J/K}$$

由此得微观状态数增加的倍数

$$\frac{\Omega_2}{\Omega_1}=10^{1.23\times 10^3/(2.30\times 1.38\times 10^{-23})}=10^{3.87\times 10^{25}}$$

参考书目

[1] 张三慧. 大学物理学[M]. 3版. 北京：清华大学出版社，2008.
[2] 陈信义. 大学物理教程[M]. 2版. 北京：清华大学出版社，2008.
[3] 赵凯华，等. 新概念物理教程[M]. 北京：高等教育出版社，2001—2005.
[4] 程守洙，江之永. 普通物理学[M]. 6版. 北京：高等教育出版社，2006.
[5] 陆果. 基础物理学教程[M]. 2版. 北京：高等教育出版社，2006.
[6] 卢德馨. 大学物理学[M]. 2版. 北京：高等教育出版社，2003.
[7] 吴百诗. 大学物理学[M]. 北京：高等教育出版社，2004.
[8] 郭奕玲，等. 物理学史[M]. 2版. 北京：清华大学出版社，2005.
[9] Resnick R, Halliday D, Krane K S. Physics[M]. Fifth edition Hoboken: John Wiley & Sons, 2002.
[10] Young H D, Freedman R A. Sears and Zemansky's Physics[M]. Tenth edition. New York: Addison Wesley Longman Inc., 2000.

扩展资源二维码

P11 惯性
P24 摆车
P24 牛顿摆
P26 质心运动
P39 机械能转换
P39 麦克斯韦滚摆
P39 水机
P45 转动定理
P48 节速器
P48 茹可夫斯基凳
P48 直升机尾螺旋桨的作用
P52 定向陀螺仪
P54 进动
P58 矢量圆 1
P58 矢量圆 2
P62 拍 1
P62 拍 2
P66 受迫振动
P67 共振 1
P67 共振 2
P67 共振玩偶
P68 大桥共振
P70 大型纵波与横波
P82 纵波驻波
P84 弦驻波
P84 圆环驻波
P101 布朗运动
P103 伽尔顿板
P104 气体压强是如何产生的
P109 速率分布